Avec le soutien du

CNL
Centre national du livre

ÉPURES
DE GÉOMÉTRIE DESCRIPTIVE
CONCOURS D'ENTRÉE
À L'ÉCOLE NORMALE SUPÉRIEURE

Boris Asancheyev

ÉPURES
DE GÉOMÉTRIE DESCRIPTIVE

CONCOURS D'ENTRÉE
À L'ÉCOLE NORMALE SUPÉRIEURE

Préface de Gabriel Ruget
Directeur de l'École normale supérieure

HERMANN ÉDITEURS DES SCIENCES ET DES ARTS

Boris Asancheyev, né en 1938 à Paris, est ingénieur des Travaux publics et maître ès-sciences (informatique). Parallèlement à ses activités de recherche et développement en calcul des structures, il fut maître de conférence à l'École des Ponts et Chaussées et professeur à l'École des Travaux publics de l'État. Il enseigna également la résistance des matériaux et le calcul automatique des structures à l'École spéciale des Travaux publics.

asnchv@wanadoo.fr

ISBN 2 7056 6447 5

Table des matières

À la mémoire de

André ADLER

André BELLIVIER

Camille CONVERS

Marcel LOBRY

Professeurs de mathématiques
au lycée Condorcet entre 1954 et 1958

et

Joseph CARON

Ancien élève de l'École normale supérieure (1868)
Agrégé des sciences mathématiques
Directeur des travaux graphiques à l'École normale supérieure
Professeur de géométrie descriptive
aux lycées Saint-Louis, Henri IV, Condorcet,
Charlemagne et Michelet

Préface

L'épreuve de géométrie descriptive avait déjà disparu lorsque j'ai présenté le concours d'entrée à l'École normale supérieure ; disparue à l'ENS, elle alternait, je crois, avec le dessin d'architecture à l'École Polytechnique, cette dernière cultivant sa spécificité dans le dessin « d'après la bosse », terrible épreuve aux codes non-dits qui m'a dissuadé de reprendre un crayon pendant vingt ans. La descriptive et l'architecture, c'était bien mieux, il y avait l'encre de chine : les Rotrings, mais aussi le pinceau pour colorier les surfaces vues de l'ébouriffant volume où s'interpénétraient cônes, sphères et autres paraboloïdes, ou bien pour figurer les ombres portées par un soleil fictif. Pas de soleil en géométrie descriptive (tant mieux, ça ne ravivait pas la honte subie lorsque mon premier instituteur avait raillé le disque jaune qui ponctuait et repérait tous mes dessins, même d'arbre de Noël) ; mais il y avait les lignes de rappel, rouges, très fines, joignant les deux vues sur la feuille au format oblongue. Les lignes de rappel, c'était comme les petites notes en musique, et d'ailleurs ce que j'aimais dans la descriptive plus encore que dans les autres branches des mathématiques dites supérieures ou spéciales, c'était la virtuosité : emballer l'affaire sans escamoter les petites notes. La concentration au début de l'épreuve, toiser l'énoncé pour lui signifier qu'on va bientôt se jeter sur lui, sans qu'il ait l'espoir de sauver la plus petite question (enfin, les jours d'inspiration…). Vertige des raisonnements sur les points cycliques et tout ce qui peut se passer d'extraordinaire dans le plan à l'infini, qui conditionne l'allure de votre point de rebroussement, hic et nunc ; le plan à l'infini, c'était presque l'autre côté du miroir ; mais de quel côté du miroir est le mathématicien ?

C'est pour cela que j'ai promis quelques lignes à Boris Asancheyev lorsqu'il m'a donné un jeu de cartes postales illustrées des épreuves de géométrie descriptive aux concours d'entrée à l'École normale supérieure de 1865 à 1959. Pour avoir réveillé ces souvenirs de grande enfance, d'une époque où l'on ne vous demandait que d'affûter vos outils presque neufs : main, cerveau, œil… Le livre est sobre et élégant, juste ce qu'il faut de lecture avant de faire défiler les épreuves, sorties de la gangue des énoncés, dépliées, déployées. Commencez par la fin, comme il se doit : le niveau ne cesse de baisser, disiez-vous…

Gabriel RUGET
Directeur de l'École normale supérieure

Avant-propos

C'est à partir de 1960 que la géométrie descriptive disparaît, rapidement, des programmes de mathématiques spéciales. Ceux qui l'ont connue en parlent souvent avec nostalgie, voire émotion. Pas tous. Pour certains ce fut un véritable supplice.

Une épure de géométrie descriptive, c'était quatre heures, durant lesquelles, penché sur une planche à dessin, il fallait accorder ses connaissances de la géométrie avec une technique du graphisme, exigeant la sûreté du coup d'œil et l'adresse manuelle. La beauté intrinsèque des courbes, la précision des constructions, contribuaient à donner un aspect esthétique au dessin. Même le profane y était sensible. Même pour une épure de moyenne qualité.

Le but de ce recueil est d'exhumer ces dessins, uniquement pour le plaisir des yeux. C'est aussi le témoignage concernant un enseignement qui fit partie intégrante de la formation des ingénieurs pendant plus d'un siècle. Plus personne n'aura besoin de résoudre ce type de problèmes, avec comme outils, ceux de la géométrie descriptive : l'informatique est là. Le lecteur ne trouvera aucune justification mathématique au tracé des épures qui ont été interprétées pour cette compilation. La cohérence du tracé devrait suffire (quelques erreurs peuvent néanmoins subsister).

Le dessin final est constitué par un tracé en trait noir fort. Pour un sujet donné, toutes les représentations doivent être identiques. Donc superposables. Les autres constructions devaient être en carmin dilué. Elles sont en trait noir fin dans ce recueil. Pour ces constructions une part d'arbitraire subsiste : choix d'une méthode, choix de la position du point courant, choix dans la représentation des tangentes, des asymptotes, du rendu éventuel des ombres, etc. C'est en ce sens que l'on peut parler de l'interprétation d'une épure, comme de l'interprétation d'une sonate.

Pour se représenter une épure telle qu'elle était rendue à l'époque, il faut, en partant d'un des dessins du recueil :

1) multiplier l'échelle par 2,5,
2) remplacer tous les traits fins (continus et pointillés) en noir, par des traits en carmin dilué à 50 %,
3) saupoudrer le dessin de lettres minuscules (grecques de préférence),
4) expliquer, dans une partie libre de la feuille, à l'aide des dites lettres, la particularité de l'épure, les méthodes utilisées pour la construction du point courant, de la tangente, des points particuliers, des asymptotes éventuelles, etc.

Reçu à l'École normale en 1868, Joseph Caron se fait remarquer par ses talents en dessin d'imitation, où il sera qualifié de « très habile », ainsi qu'en géométrie descriptive, où il sera toujours premier. Il a alors comme professeur dans cette matière J. Kiæs. En 1872, Joseph Caron est « hors cadre », chargé du cours de graphisme à Saint-Louis et autres lycées. Professeur à l'École normale supérieure, il va contribuer au développement de la géométrie descriptive. Il publie en 1913, dans la *Revue de mathématiques spéciales*, un article théorique concernant la ponctuation des épures. En 1897 Henri Lebesgue a encore Joseph Caron comme chef des travaux graphiques. Ses élogieux souvenirs sont cités en bonne place, au début de l'ouvrage de géométrie de Marcel Berger.

Toujours originales, souvent élégantes, les épures de l'École normale supérieure, sont, en général, d'un niveau élevé[(1)], et nécessitent toujours la résolution d'un problème de géométrie non trivial. Elles méritaient une compilation, même incomplète.

REMERCIEMENTS :

Liliane Zweig et son équipe, pour l'accueil reçu à la Bibliothèque de mathématique et d'informatique de l'École normale supérieure,

Pascal Sebah, Dassault Systèmes, pour le rendu par « Catia », du volume, objet de l'épure de 1906.

(1) Comme en témoigne ce bas de la page 24 du livre de Cagnac et Commeau [5], concernant les propriétés des cercles focaux des coniques : « La connaissance de leurs propriétés géométriques est supposée acquise dans certaines épures de concours, entre autres aux concours de l'École normale supérieure ».

1

Origines et évolution de la géométrie descriptive

En 1642, Mathurin Jousse publie un traité de coupes de pierres sous le titre *Les secrets de l'architecture*. En 1739, Frézier, officier supérieur du génie militaire, essaye d'expliquer par la géométrie « les diverses combinaisons de lignes et de surfaces » qui constituent la coupe des pierres. En 1760 il publie des éléments de stéréotomie à l'usage de l'architecture.

En 1748 est fondé à Mézières l'établissement pour l'instruction des élèves du Corps royal du Génie militaire. Ce sont les professeurs de cet établissement qui perfectionnent la méthode dite « des projections ». Gaspard Monge arrive à Mézières, comme élève, en 1764. Exceptionnellement doué, il prend une part très active à ces recherches qui ont pour application directe, la question du « défilement » des ouvrages de fortifications.

Il aura comme élève Jean-Baptiste Meusnier de La Place, celui-là même dont le théorème sur le « centre de courbure d'une courbe tracée sur une surface » est utilisé pour définir le plan osculateur d'une courbe gauche.

Le texte qui suit est extrait du livre de Jean-Nicolas-Pierre Hachette (1769-1834), successeur de Monge pour l'enseignement de la géométrie descriptive à l'École polytechnique [7].

Say, ancien professeur de fortifications à l'École polytechnique, frère du savant M. Duméril, et de M. Say professeur d'économie politique, a terminé jeune encore sa carrière militaire sous les murs de Saint-Jean-d'Acre. Il avait publié en 1794, dans le grand journal de l'École polytechnique (4e cahier, page 588), un Mémoire sur le défilement. Nous en transcrirons les premières pages, qui contiennent l'énoncé d'une question, dont la solution paraît avoir donné naissance aux théories de la géométrie descriptive, et à l'enseignement de cette science dans l'ancienne École du Génie de Mézières.

Du défilement

Un des principaux objets de tout ouvrage de fortification, est de garantir ceux qui le défendent, de l'effet des armes de ceux qui l'attaquent.

Si l'on considère les fortifications de ce point de vue, le premier soin de l'ingénieur, le plus indispensable, doit être de garantir les défenseurs des ouvrages, de l'atteinte des balles et boulets tirés de plein fouet. C'est aussi l'objet de cette partie de l'art de la fortification, qu'on appelle le défilement.

La règle fondamentale du défilement est celle-ci : « Il faut disposer les ouvrages de manière que leurs parapets garantissent tout ce qu'il serait dangereux d'exposer aux coups directs de l'ennemi. »

On doit considérer dans le défilement, principalement trois choses :

1) L'espace d'où peuvent partir les coups de l'ennemi dirigés contre l'ouvrage qu'on veut défiler. L'ennemi pouvant s'exhausser plus ou moins, cet espace s'étend à une certaine hauteur au-dessus du terrain qui environne l'ouvrage. Il s'étend aussi à une certaine distance horizontale de l'ouvrage, dont on détermine les limites ;

2) L'espace que l'on veut soustraire aux coups de l'ennemi ou défiler ;

3) La masse des parapets, qui, lorsqu'un ouvrage est bien défilé, doit intercepter tous les coups directs, toutes les lignes droites tirées de l'espace contre lequel on veut se couvrir, vers celui qu'on veut couvrir.

J'appellerai l'espace extérieur celui contre lequel on veut se couvrir, et l'espace intérieur celui que l'on veut couvrir.

On doit voir déjà un grand rapport entre la nature des données des problèmes de défilement, et celles des données des problèmes d'ombres. Les coups directs remplacent les rayons lumineux ; l'espace extérieur remplace le corps lumineux ; la masse des parapets remplace le corps opaque. L'ombre absolue de ce corps est l'étendue entière défilée par les parapets, et l'espace intérieur doit être renfermé dans cette étendue.

L'espace extérieur et le parapet étant donnés, on peut se proposer de déterminer géométriquement les limites de l'étendue défilée. On y parviendra par le même procédé qu'on emploierait pour déterminer l'ombre du parapet, si tous les points de l'espace extérieur étaient lumineux. Un plan qui se mouvrait en s'appuyant toujours sur le parapet et sur la surface qui termine l'espace extérieur, engendrerait par ses intersections successives, une nouvelle surface qui termine l'étendue défilée. J'appellerai la surface ainsi engendrée la surface de défilement.

La partie des parapets sur laquelle doit s'appuyer le plan générateur, n'est souvent qu'une seule ligne droite, la crête intérieure du parapet. On voit qu'alors la surface de défilement devient un plan passant par cette crête, et tangent à la surface qui termine l'espace intérieur.

Le plan de défilement n'est pas seulement tangent à la surface interne qui termine l'espace extérieur, mais il laisse toute cette surface au-dessous de lui, c'est à dire qu'en la touchant en un ou plusieurs points, il ne la coupe nulle part : cette circonstance est essentielle, et elle est sous-entendue partout où l'on parle du plan de défilement.

Ce texte fait bien comprendre « l'origine militaire » de la géométrie descriptive, ainsi que la raison pour laquelle c'était une science qui rentrait dans la catégorie « secret défense », comme aujourd'hui certaines études concernant la cryptographie ou le traitement du signal. L'intérêt pour les ombres n'était pas uniquement esthétique !

Grâce à ses facultés d'abstraction, Monge formalise les bases de la géométrie descriptive. En 1784, à l'époque où il cesse d'enseigner à l'École du Génie de Mézières, il a publié dix-sept mémoires : *les courbes gauches et leur développée, les surfaces développables, théorie des ombres, théorie des lignes de courbures des surfaces, génération et principales propriétés des surfaces élémentaires.* Tous ces mémoires contribuent à unifier des techniques enseignées par ailleurs dans différents domaines, avec des approches spécifiques : fortifications, tracé des routes et canaux, appareil des ouvrages en pierre et en bois.

La géométrie descriptive prend un nouvel essor en 1794, à l'époque de la création de l'École centrale des Travaux publics (École polytechnique). Consulté par le gouvernement sur son organisation, Gaspard Monge prend pour modèle l'École de Mézières et de nombreux professeurs de cette école viennent enseigner à Paris.

En 1795, le cours professé par Gaspard Monge à l'École polytechnique comporte 24 leçons que Hachette, dans la préface de son traité, résume ainsi :

1re Leçon. *Exposition de la méthode des projections ; procédés qui en facilitent l'usage.*

2e Leçon. *Détermination des plans tangens et des normales aux surfaces courbes ; des tangentes et des plans normaux aux courbes à double courbure.*

3e Leçon. *Construction des intersections des surfaces courbes ; exemples du genre de questions à la solution desquelles cette méthode est principalement propre.*

4e Leçon. *Génération, propriétés et constructions des surfaces développables, et de toutes celles qui sont engendrées par le mouvement d'une ligne droite.*

5e Leçon. *Examen des deux courbures d'une surface courbe en général ; de la manière dont elle est divisée par les deux systèmes de ses lignes de courbures ; de la position des deux surfaces qui passent par ses centres de courbures.*

6e et 7e Leçons. *Application de la géométrie descriptive à la construction rigoureuse du contour de l'ombre d'un corps quelconque portée sur une surface quelconque, et à celle de la ligne qui sépare, sur la surface du corps qui porte ombre, la partie éclairée de la partie obscure, soit que l'objet lumineux fût un point unique, soit qu'il eût des dimensions finies.*

8e Leçon. *Principe de la perspective aérienne. Dégradation des teintes, soit dans l'ombre, soit dans le jour, suivant la position des parties de la surface des corps, et par rapport à l'objet lumineux, et par rapport à l'observateur. Altérations qu'elles paraissent éprouver dans leurs couleurs propres, d'après la nature des corps lumineux, et d'après les jugemens que nous sommes induits à porter, par les circonstances environnantes.*

9ᵉ Leçon. *Application de la géométrie descriptive aux constructions de la perspective linéaire.*

10ᵉ, 11ᵉ et 12ᵉ Leçons. *De la coupe des pierres. Ordonnance des voûtes et voussures. Convenances auxquelles elles doivent satisfaire. Décomposition des voûtes en voussoirs. Procédés par lesquels on donne à chacune des pierres qui entrent dans la composition d'un édifice la forme qu'elle doit avoir. Usage de la géométrie descriptive pour cet objet.*

13ᵉ, 14ᵉ, 15ᵉ et 16ᵉ Leçons. *De l'art de la charpenterie. Ordonnance générale des ouvrages de la charpenterie. Procédés par lesquels on donne à chaque pièce la figure qu'elle doit avoir, Iᵉʳᵉ lorsque la pièce est droite, IIᵉ lorsqu'elle est terminée par des surfaces courbes. Usage de la géométrie descriptive pour cet objet.*

17ᵉ, 18ᵉ, 19ᵉ et 20ᵉ Leçons. *De la topographie. Méthodes par lesquelles on détermine avec précision la position des principaux points d'une grande carte. Moyens par lesquels on exécute les remplissages. Les différens procédés de nivellement. De l'art de figurer sur les cartes les formes et les accidens du terrain.*

21ᵉ, 22ᵉ, 23ᵉ et 24ᵉ Leçons. *Exposition des divers mécanismes au moyen desquels on peut convertir, les uns dans les autres, les différens genres de mouvement. Mécanismes par lesquels on facilite les mouvemens de tous genres. Description des principales machines connues dans les arts, et mues par des animaux, ou par des forces prises dans la nature.*

Les sept premières leçons constituent la base de la géométrie descriptive proprement dite : construire l'intersection de deux surfaces. Les autres leçons concernent ses principales applications aux techniques de l'époque. Ce cours occupe alors une place prépondérante dans le programme de la future École polytechnique.

La géométrie descriptive est enseignée par Monge à l'École normale, à sa fondation, le 9 brumaire an III (30 octobre 1794). Il n'y donnera que quelques cours. Puis à partir de 1826, la géométrie descriptive fait partie du cursus de l'École. Mais ce n'est qu'à partir de 1858 qu'elle est au programme du concours, incluse dans les épreuves orales, jusqu'en 1904. Suite à la réforme du concours d'entrée, en 1905, l'épreuve de géométrie descriptive fait partie des épreuves écrites d'admissibilité, et la notation se fait sur une base de 100.

Pendant un siècle, elle sera enseignée pour elle même, comme une application du cours de géométrie analytique (et même de toute la géométrie). À partir de 1948 elle finira même par s'appeler *épreuve pratique de mathématique*, au concours de l'ENS. Il sera en effet fréquent de voir dans le texte du sujet de l'épreuve, une question comme : « on demande de calculer l'angle des tangentes au point double ».

La notice explicative, justifiant la nature des courbes obtenues ainsi que les principales constructions, tient une place importante dans la note finale. Elle permet au correcteur de voir que les particularités de l'épure ont été prises en compte et correctement traitées.

Quelques ajustements du programme de Mathématiques spéciales auront pour conséquence de supprimer certaines surfaces (hélicoïdes, hyperboloïde défini par trois droites, hyperboloïde de Hachette) en insistant davantage sur les surfaces de révolution engendrées par des coniques.

Dans les années 1920, une petite modification : la ligne de terre n'est plus l'axe Ox, mais Oy, ce qui conduit à utiliser le système d'axes direct, celui qui est encore utilisé aujourd'hui dans tous les problèmes de géométrie dans l'espace.

La dernière épure proposée au concours d'entrée à l'École polytechnique date de 1958. La dernière de l'École normale supérieure date de 1959. Elle ne fut pas corrigée. La géométrie descriptive fait encore partie des concours de l'École centrale, de l'École des Mines et des Ponts et Chaussées, jusqu'en 1962. C'est la fin de l'époque « dure ». Ne subsistera plus qu'une géométrie descriptive « douce », dans certains concours. La réédition de l'ouvrage de G. Cagnac et H. Commissaire [4], qui se limite à l'étude du cône, du cylindre et de la sphère et le cours de M. Voilquin [13], recouvrant approximativement le même programme, sont destinés aux élèves préparant l'École nationale supérieure des Arts et Métiers ainsi que les Écoles d'architecture.

Le lecteur qui souhaiterait avoir plus de détails sur l'émergence de la géométrie descriptive, ainsi que son rapport avec l'architecture, pourra consulter l'excellent ouvrage de J. Sakarovitch [12].

2

Quelques rappels

Il n'est pas question ici de faire un cours : de bons manuels (d'occasion) existent encore dans certaines librairies spécialisées, ainsi que dans les grandes bibliothèques. En particulier, les ouvrages de Commissaire, Commeau et Cagnac [4, 5], qui sont à la géométrie descriptive ce que les derniers clippers furent à la marine à voile.

2.1 – Méthode des projections

La géométrie descriptive est une technique graphique qui permet de représenter un objet défini dans un espace à trois dimensions au moyen de ses projections sur deux plans orthogonaux : un *plan horizontal* (H) et un *plan frontal* (F). Ces deux plans se coupent suivant une droite appelée *ligne de terre*. Il suffit de rabattre le plan frontal (F) autour de la ligne de terre, pour obtenir sur une même feuille, la représentation de l'objet par ses deux projections, l'une au-dessus de l'autre. Des droites perpendiculaires à la ligne de terre, joignent les points qui se correspondent dans les deux projections : ce sont les *lignes de rappel*. Un point A de l'espace est donc représenté par le couple de points (*a a'*), *a'* désignant la projection frontale et *a* la projection horizontale.

Définitions :

Un *plan frontal* est un plan parallèle au plan ZOY (figure 1).

Un *plan horizontal* est un plan parallèle au plan XOY.

Un *plan vertical* est un plan perpendiculaire au plan horizontal.

Un *plan de bout* est un plan perpendiculaire au plan frontal.

Un *plan de profil* est parallèle au plan XOZ.

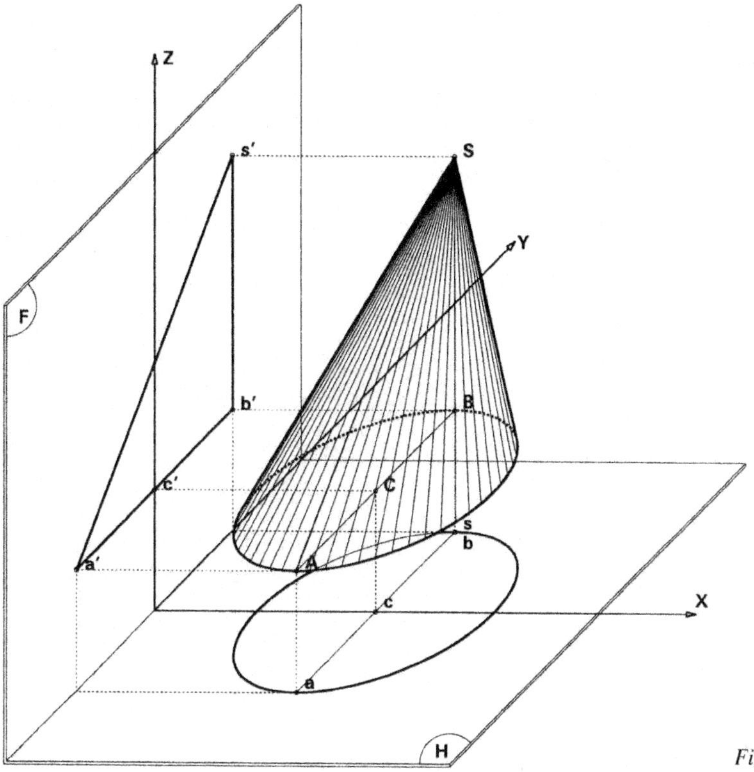

Figure 1 : perspective

Le *premier bissecteur* est un plan passant par la ligne de terre, et faisant un angle de 45° avec le plan horizontal : tous les points du premier bissecteur ont leur deux projections symétriques par rapport à la ligne de terre. Le *deuxième bissecteur* est un plan passant par la ligne de terre, et perpendiculaire au premier bissecteur. Tous les points du second bissecteur ont leurs deux projections confondues.

Une *droite frontale* est située dans un plan frontal.
Une *droite horizontale* est située dans un plan horizontal.
Une *droite de profil* est située dans un plan de profil.
Une *droite verticale* est perpendiculaire au plan horizontal.
Une *droite de bout* est perpendiculaire au plan frontal.

Les figures 1, 2 et 3 illustrent le passage d'une représentation spatiale « en perspective », à la représentation suivant les règles de la géométrie descriptive.
Un cône ayant pour base un cercle dans un plan horizontal et dont une génératrice est verticale. Le cône a un plan de symétrie parallèle au plan (F).

La figure 1 représente une vue perspective du volume, avec le système d'axes, utilisé pour placer les données. Les deux plans de projection, (F) et (H), sont limités dans cette figure, à la ligne de terre. Ils sont en fait illimités.

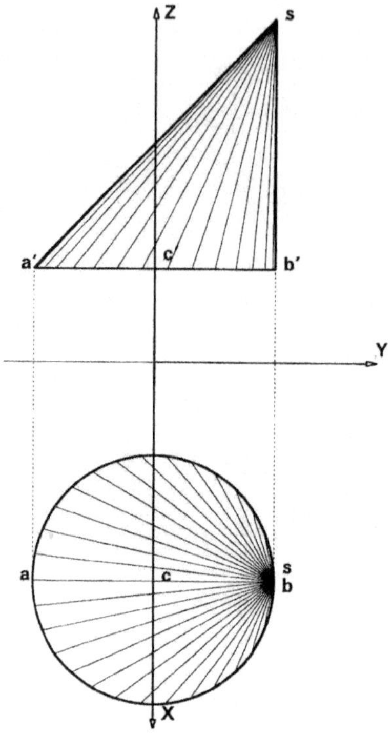

Figure 2 : le plan (F) est rabattu

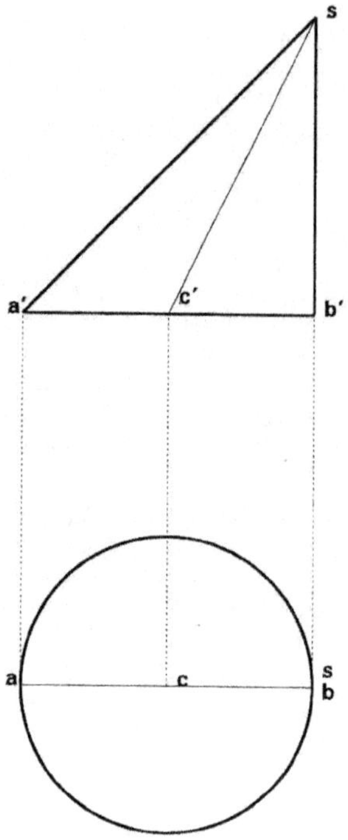

Figure 3 : représentation finale

La figure 2 est la représentation obtenue en "rabattant" le plan frontal sur le plan horizontal : les deux projections sont l'une au-dessus de l'autre. Les génératrices du cône permettent de mieux le visualiser.

La figure 3 ne diffère de la figure 2 que par l'absence du système d'axes, ainsi que de la ligne de terre. Lorsque cette dernière n'intervient pas dans les constructions, sa suppression confère à l'épure un aspect plus élégant.

2.2 – Les questions posées dans un sujet de géométrie descriptive

On peut les énumérer ainsi :

- Deux surfaces étant données, construire leur intersection.
- L'intersection de deux quadriques est la directrice d'un cône dont on demande l'intersection avec l'une des deux surfaces.

• Construire la méridienne d'une surface de révolution du quatrième degré (autre que le tore).
• Ombres propres, auto-portées ou sur les plans de projection.
• Perspective de l'intersection sur un plan auxiliaire.
• Construction d'une troisième projection.
• Développement d'une surface conique ou cylindrique entaillée, sur un plan.

On demande de représenter, soit des surfaces (le plus souvent une des surfaces entaillée par l'autre), soit des volumes limités par ces surfaces (volume commun ou bien l'un des volumes entaillé par l'autre).

2.3 – Les principales surfaces rencontrées

Pour mémoire, les polyèdres et toutes les surfaces formées de facettes planes. Quoique pouvant conduire à des épures fort difficiles, ces surfaces sont absentes des sujets de concours : peu de difficultés géométriques et parfois beaucoup de difficultés graphiques.

2.3.1 – Les quadriques, ou surfaces du second degré

Elles font partie de la majorité des sujets (environ 2/3 des épures de l'ENS).

La sphère est le plus souvent définie par son centre et son rayon. Mais il arrive parfois qu'elle soit « cachée », comme dans l'épure ENS 1956, où elle fait partie du faisceau linéaire de quadriques défini par un cône et un cylindre.

Les cônes de révolution sont définis par un axe, le sommet et une génératrice. Parfois par le sommet et une sphère inscrite. Mais aussi par le sommet et une section plane, auquel cas il faut démontrer, dans la notice, qu'il est de révolution, si cette propriété est utilisée.

Les cônes scalènes sont des cônes qui ne sont pas de révolution. Ils sont définis par le sommet et une base (cercle, ellipse, parabole, hyperbole).

Les cylindres sont définis par une base (la directrice) qui peut être un cercle, une ellipse, une parabole ou une hyperbole, et la direction des génératrices. Un cylindre peut être également défini par les tangentes à une quadrique, parallèles à une direction donnée. La figure 4 représente un cylindre qui pourrait être soit de révolution, soit elliptique. La figure 5 représente un cylindre parabolique et la figure 6 un cylindre hyperbolique. Toute section par un plan, non parallèle aux génératrices, d'un cylindre parabolique ou hyperbolique, est une parabole ou une hyperbole. Pour un cylindre elliptique, les sections planes sont des ellipses, excepté deux directions, qui donnent des sections circulaires.

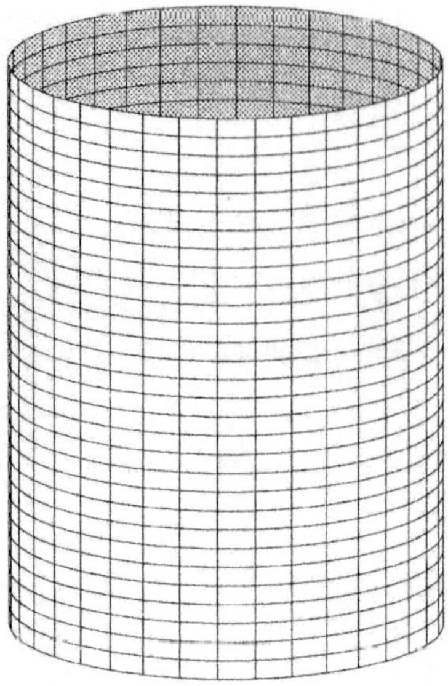

Figure 4 : cylindre de révolution

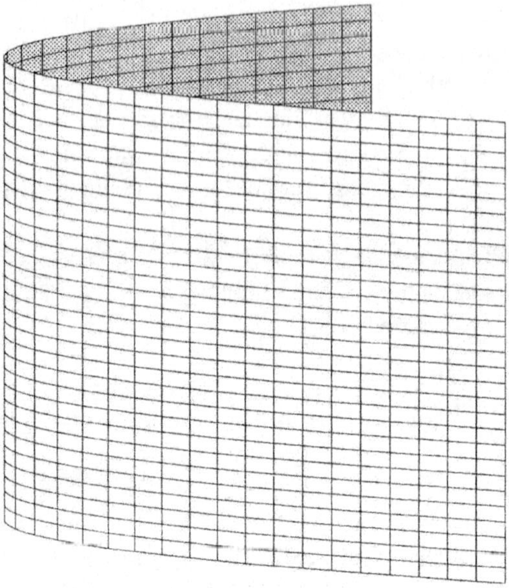

Figure 5 : cylindre parabolique

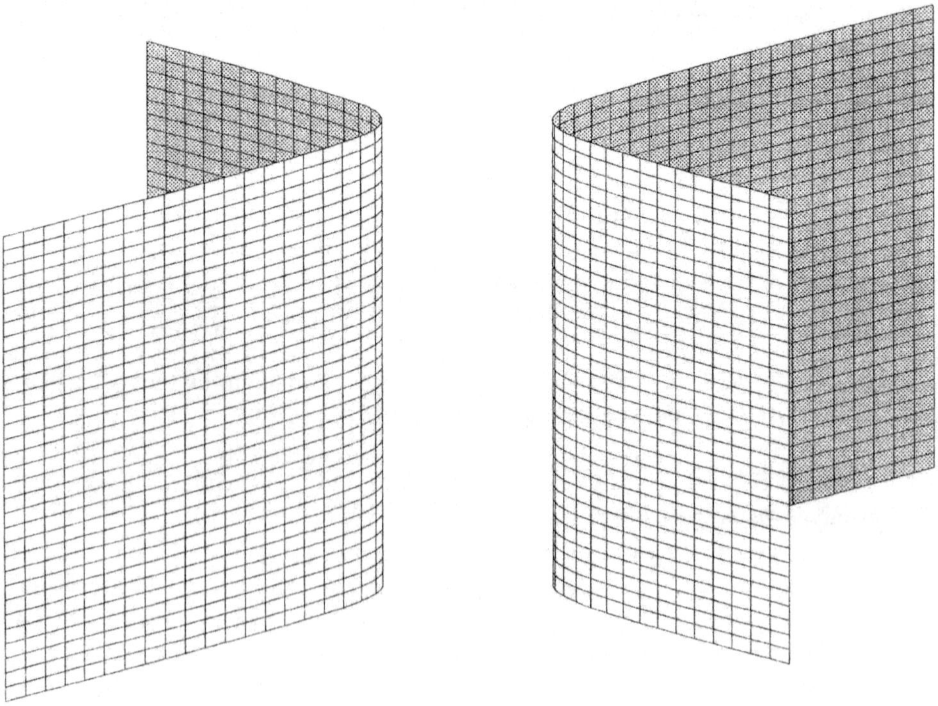

Figure 6 : cylindre hyperbolique

Pour un cylindre de révolution, les sections droites (normales aux génératrices) sont des cercles et les sections obliques des ellipses.

Le cylindre est en fait un cône dont le sommet est rejeté à l'infini. Tous les points d'une génératrice ont même plan tangent : les cônes et les cylindres sont des surfaces développables. Ainsi, la construction de la développée sur un plan d'une surface cylindrique entaillée par une autre surface cylindrique, a des applications pratiques en chaudronnerie.

Les ellipsoïdes de révolution allongés (ellipse tournant autour de son axe focal, figure 7) ou aplatis (ellipse tournant autour de son axe non focal, figure 8) sont le plus souvent définis par l'ellipse méridienne. Il arrive aussi que l'ellipsoïde soit défini par une section plane, quelconque, tournant autour de l'axe (épure ENS 1945). Les ellipsoïdes quelconques (trois diamètres inégaux) se rencontrent rarement dans les sujets d'épures, sauf s'ils ont des sections horizontales ou frontales circulaires.

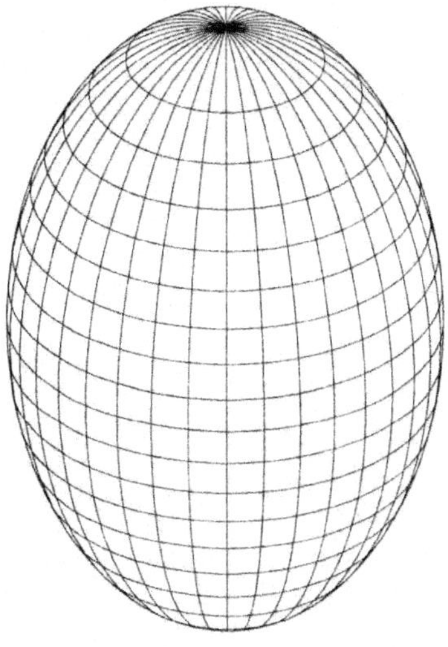

Figure 7 : ellipsoïde allongé

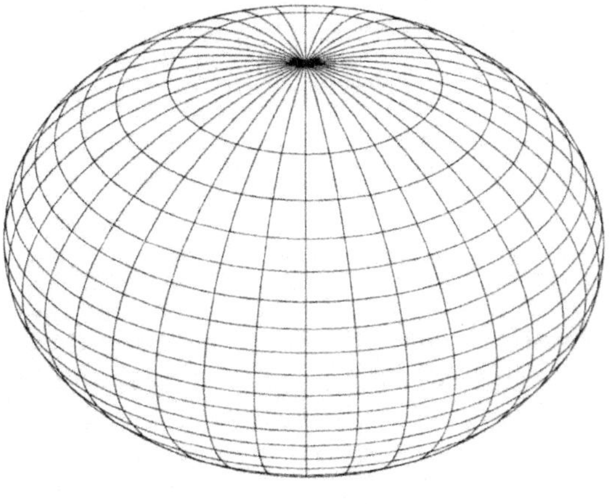

Figure 8 : ellipsoïde aplati

Les hyperboloïdes de révolution (encore appelés *surfaces gauches de révolution*) et les hyperboloïdes elliptiques sont des surfaces réglées par deux familles de génératrices (figure 9). Ce sont les *hyperboloïdes à une nappe*. Une génératrice de la première famille rencontre toutes les génératrices de la deuxième famille. Cette propriété est utilisée dans presque toutes les constructions relatives à ces surfaces. Le plan tangent en un point de l'hyperboloïde est défini par les deux génératrices (une de chaque famille) passant par ce point.

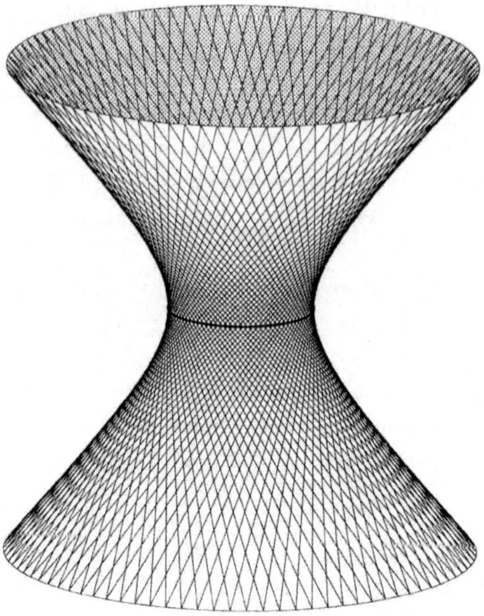

Figure 9 : hyperboloïde à une nappe

L'hyperboloïde de révolution est défini par son axe et une droite, sans point commun avec cet axe (à distance finie ou infinie). La longueur de la perpendiculaire commune à l'axe et à une génératrice, définit le rayon du *cercle de gorge* (en trait fort sur la figure 9). Il est aussi souvent défini par l'axe et l'hyperbole méridienne.

Les hyperboloïdes elliptiques (leur section par un plan normal à l'axe est une ellipse), sont définis par trois génératrices non parallèles à un même plan (épure ENS 1896). Certains hyperboloïdes à une nappe, appelés *hyperboloïdes de Hachette*, sont définis à partir de deux droites, non concourantes, en considérant l'ensemble des plans orthogonaux passant par ces deux droites. L'intersection de ces plans engendre un hyperboloïde (ENS 1947).

Les hyperboloïdes à deux nappes (figure 10), généralement de révolution, et définis par l'hyperbole méridienne : l'axe de révolution est l'axe focal.

Le paraboloïde hyperbolique (appelé *plan gauche* au début du dix-neuvième siècle) est une surface doublement réglée. Il peut être défini par un plan (P) et deux droites, (D1) et (D2), non parallèles, rencontrant ce plan, en M1 et M2. Lorsque le plan (P) se déplace, restant parallèle à lui même, la droite M1 M2 engendre un paraboloïde hyperbolique. Le plan (P) est appelé *plan directeur*. Il existe un deuxième plan directeur, parallèle aux

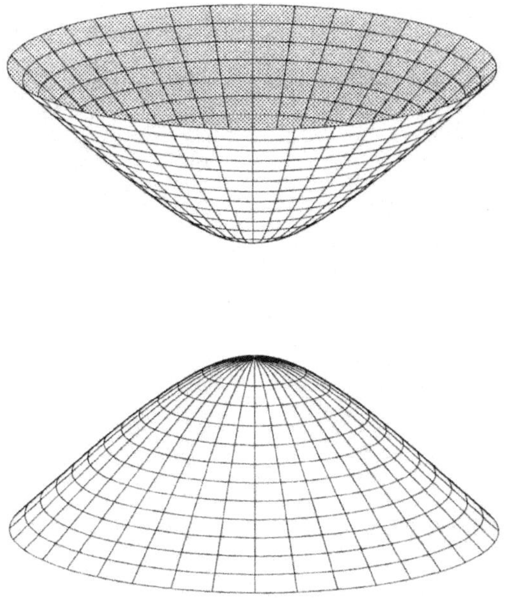

Figure 10 : hyperboloïde à deux nappes

droites (D1) et (D2), ainsi qu'une deuxième famille de génératrices. Toute génératrice de la première famille, rencontre toutes les génératrices de la deuxième famille. Un paraboloïde hyperbolique dont les plans directeurs sont orthogonaux est dit *équilatère*.

Le plan tangent en un point du paraboloïde hyperbolique est défini par les deux génératrices passant par ce point (une de chaque famille).

L'intersection des deux plans directeurs définit une direction (Δ). Le plan tangent au paraboloïde, normal à (Δ), définit le sommet S. La droite (L), parallèle à la direction (Δ) et passant par S est un axe de symétrie pour la surface. Tout plan parallèle à (Δ) coupe le paraboloïde hyperbolique suivant une parabole. En particulier, si on considère les plans directeurs passant par (Δ), leurs plans bissecteurs définissent les deux *paraboles principales*.

Un plan parallèle à un plan directeur, coupe le paraboloïde suivant une seule génératrice à distance finie (la deuxième est à l'infini). Un plan qui n'est ni parallèle à un plan directeur, ni parallèle à (Δ), coupe le paraboloïde hyperbolique suivant une hyperbole.

Le paraboloïde hyperbolique est parfois défini par un quadrilatère gauche (figure 11, ENS 1929, ENS 1922). Il est également déterminé par trois droites parallèles à un même plan.

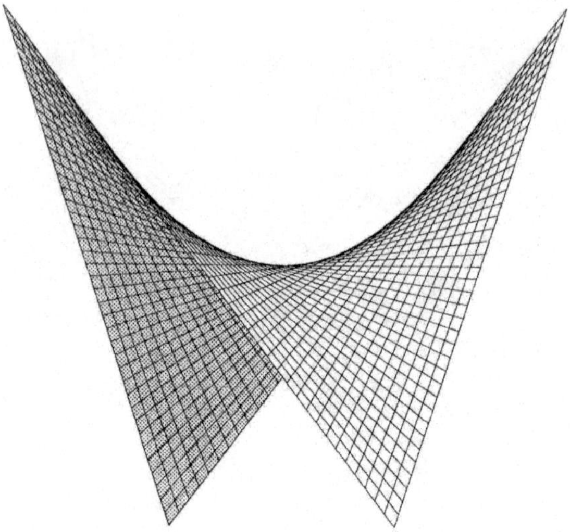

Figure 11 : paraboloïde hyperbolique

L'hyperboloïde de révolution à une nappe et le paraboloïde hyperbolique sont des surfaces souvent utilisées par les architectes.

Le paraboloïde de révolution est engendré par une parabole tournant autour de son axe de symétrie (figure 12). Si l'axe est vertical, toute section du paraboloïde par un plan se projette horizontalement suivant un cercle. Tout plan parallèle à l'axe de révolution, coupe le paraboloïde suivant une parabole égale à la parabole méridienne.

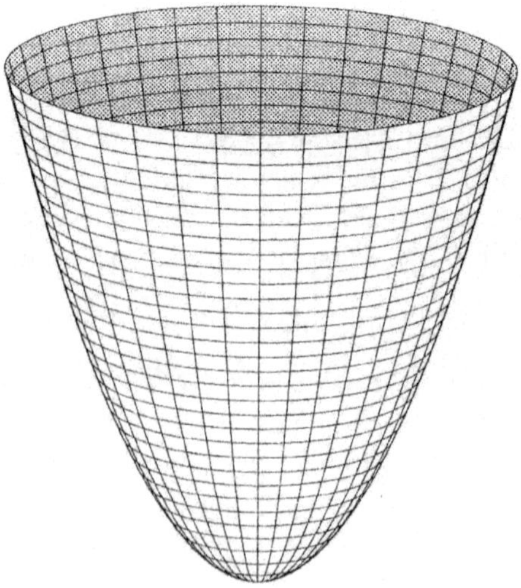

Figure 12 : paraboloïde de révolution

2.3.2 – Les surfaces de révolution du quatrième degré

Ces surfaces interviennent dans le 1/3 des épures de l'ENS.

Le tore est défini par un cercle, tournant autour d'une droite située dans son plan, et ne passant pas par son centre. Si la droite ne coupe pas le cercle, on a un *tore ouvert*, si elle est tangente au cercle, c'est un *tore à collier nul* et si elle coupe le cercle, un *tore fermé*. C'est une surface algébrique du quatrième ordre, ayant l'*ombilicale* (intersection du *cône isotrope*, $x^2 + y^2 + z^2 = 0$, et du *plan de l'infini*) comme courbe double. Le tore a deux familles de cercles, évidentes (figure 13) : les sections par des plans passant par son axe (les méridiens) et les sections par des plans perpendiculaires à l'axe (les parallèles). En 1847, l'astronome et mathématicien Antoine Yvon Villarceau, met en évidence deux autres familles de cercles sur le tore ouvert (figure 14) : les *cercles de Villarceau*, qui sont obtenus en coupant le tore par un plan bi-tangent (plan (H') sur la figure 15). Tout cercle de la première famille rencontre tous les cercles de la deuxième famille. Si l'axe du tore est vertical, les cercles de Villarceau se projettent horizontalement suivant des ellipses, ayant pour foyer la trace de l'axe sur le plan horizontal. Lorsque le tore ouvert tend vers un tore à collier nul, les cercles de Villarceau viennent se confondre avec les cercles méridiens. Pour le tore fermé, les cercles de Villarceau sont imaginaires.

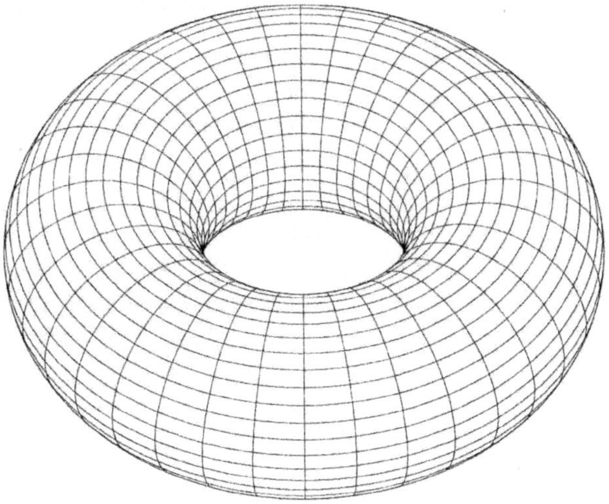

Figure 13 : les cercles méridiens et parallèles

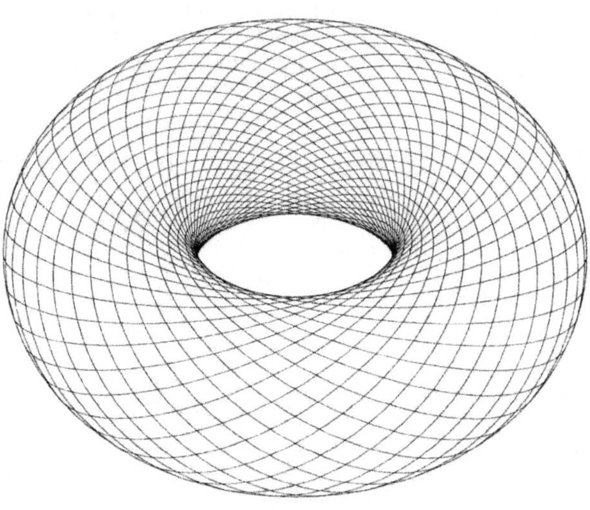

Figure 14 : les cercles de Villarceau

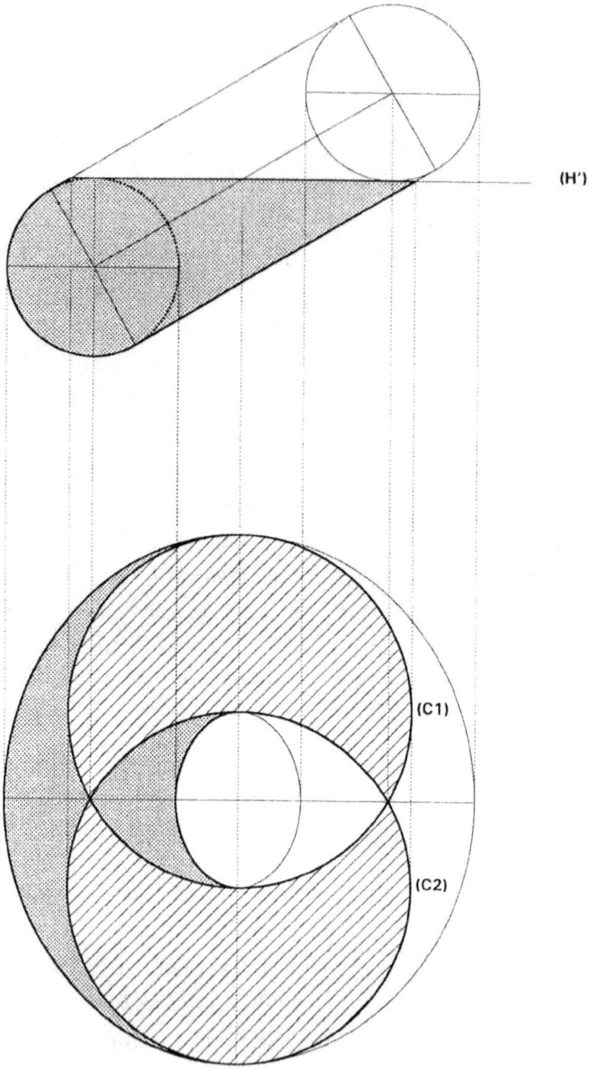

Figure 15 : section du tore par un plan bitangent

Quelle tentation alors, pour un examinateur, de définir le tore par la rotation d'un cercle de Villarceau (ENS 1918) ! Ou faire tourner une lemniscate de Bernoulli autour d'un axe convenablement positionné.

Une sphère bi-tangente à un tore ouvert (tangente en deux points seulement, donc non centrée sur l'axe du tore), coupe le tore suivant deux cercles de Villarceau (théorème de Mannheim).

Les surfaces de révolution engendrées par la rotation d'une conique autour d'un axe sont des quadriques de révolution (ou des segments de quadriques de révolution), si la projection de l'axe sur le plan de la conique est un axe de symétrie pour cette dernière.

Dans le cas contraire, c'est une surface du quatrième ordre, dont il faut déterminer la méridienne, courbe du quatrième ordre qui peut comporter des points à l'infini, des points doubles, des points de rebroussements.

2.3.3 – Surfaces diverses

Cône ayant pour directrice l'intersection de deux quadriques (ENS 1934).

Cône ayant pour directrice une cubique plane (ENS 1949, 1903).

Surface engendrée par les tangentes à une hélice (ENS 1930).

2.4 – La section par un plan

C'est un outil essentiel, à la base de presque toutes les constructions. Quelques exemples classiques illustrent cette méthode :

2.4.1 – Intersection d'un plan (P) et d'une droite (d)

On coupe le plan (P) par un plan auxiliaire (Q) contenant la droite (d). L'intersection de (P) et (Q) est une droite (g). L'intersection de (d) et (g) est le point cherché. On choisit pour (P) le plan vertical, contenant la projection horizontale de (d), ou le plan de bout, contenant la projection frontale de (d).

2.4.2 – Intersection de deux plans

L'un des plans peut être considéré comme défini par deux droites. On est ramené au cas précédent.

2.4.3 – Intersection d'une droite et d'un cône (figure 16)

On coupe par le plan contenant la droite et le sommet du cône. L'intersection de ce plan avec le plan horizontal de la base du cône est déterminée par le point (*ee'*) et le point (*gg'*), perspective de (*ff'*) à partir de (*ss'*). La droite (*eg*) coupe le cercle en *o* et *p*, d'où les génératrices (*so*) et (*sp*) qui rencontrent la projection horizontale de la droite en *m* et *n*, que l'on rappelle en *m'* et *n'*. La partie de la droite qui n'est pas vue, soit parce qu'elle est intérieure au cône, soit parce qu'elle est cachée par ce dernier, est représentée en pointillé.

2.4.4 – Intersection d'une droite et d'une sphère (figure 17)

On coupe par le plan auxiliaire contenant la droite et passant par le centre de la sphère. L'intersection de ce plan avec la sphère est un grand cercle. On considère l'intersection du plan auxiliaire avec le plan horizontal passant par le centre de la sphère. L'intersection de ces deux plans, en projection horizontale, est la droite qui porte le segment *oc*. En utilisant cette intersection comme charnière, on rabat le plan auxiliaire sur le plan horizontal passant par le centre de la sphère. Le cercle intersection du plan auxiliaire et de la sphère, est rabattu sur le contour apparent horizontal de la sphère. D'où les points *g* et *h* qui donnent, en projection horizontale, les points d'intersection cherchés : *m* et *n*. Ils se rappellent en *m'* et *n'*.

2.5 – Base de Monge d'une surface de révolution

Soit une quadrique de révolution, dont l'axe, non vertical, est parallèle au plan frontal de projection. Soit une sphère (S) inscrite dans cette quadrique. Le cylindre à génératrices verticales, circonscrit à (S), coupe la quadrique suivant deux ellipses, qui se pro-

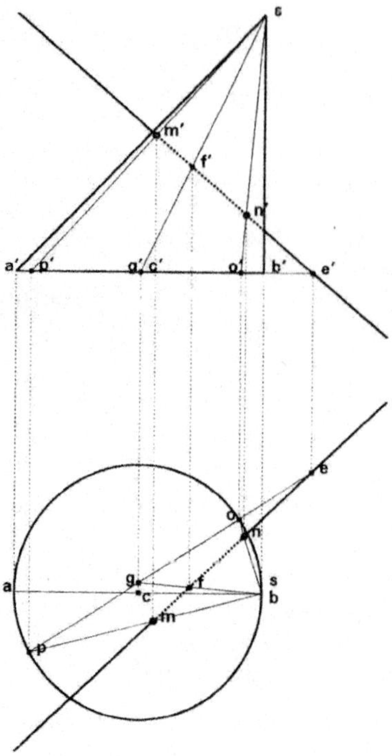

Figure 16 : intersection d'une droite
et d'un cône

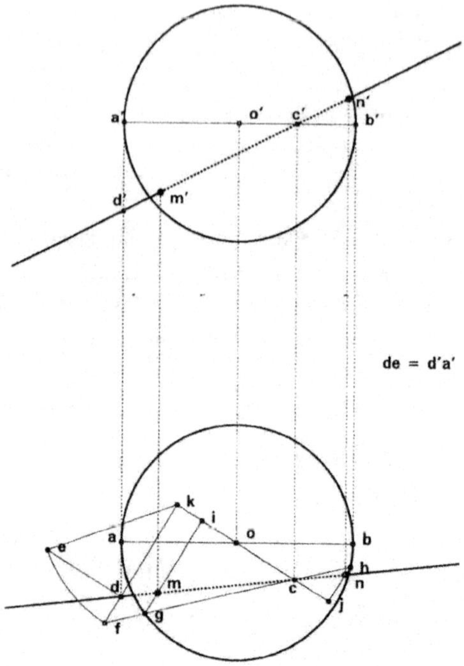

Figure 17 : intersection d'une droite
et d'une sphère

jettent horizontalement suivant un cercle. Les plans de ces deux ellipses définissent les *directions de Monge*. En coupant la quadrique par des plans parallèles à une de ces deux directions on obtient toujours un cercle en projection horizontale et une droite en projection frontale. Les hyperboloïdes à une ou deux nappes, ont les mêmes bases de Monge que leur cône asymptote.

2.6 – Intersection de deux quadriques

2.6.1 – Intersection décomposée en deux coniques

Gaspard Monge a démontré le théorème suivant : l'intersection de deux quadriques, circonscrites à une troisième, se décompose en deux coniques.

Les cas les plus fréquents, rencontrés en géométrie descriptive, pour cette troisième quadrique, sont :

- Deux plans réels
- Sphère de rayon nul
- Sphère
- Deux plans isotropes (épure ENS 1951).

Il convient de diagnostiquer cette configuration dès la mise en place des données. Nombreux sont ceux qui ont construit des cercles ou des droites, point par point, faute d'avoir perçu à temps cette particularité.

Si deux quadriques ont une conique en commun, le reste de l'intersection est constitué par une autre conique. Ce cas se produit souvent lors de la construction de l'ombre autoportée (voir par exemple l'épure ENS 1917). Dans le cas de deux cônes, les plans des deux coniques constituant l'intersection, rencontrent le segment des sommets en deux points qui le divisent harmoniquement.

La méthode consiste à déterminer les plans des deux coniques, puis à construire l'intersection d'une des quadriques par ces plans.

2.6.2 – Les deux surfaces ont une génératrice en commun

L'intersection étant de degré 4 et la droite de degré 1, le reste de l'intersection sera de degré 3, c'est à dire une cubique gauche. Le point courant sera déterminé en coupant les deux surfaces par un plan pivotant autour de la génératrice commune.

2.6.3 – Points à l'infini

Pour les cônes et les cylindres, il s'agit de déterminer les couples de génératrices parallèles. On effectue une translation de l'un des cônes de manière à faire coïncider les sommets. L'intersection des bases fournit les génératrices communes (si elles existent). L'intersection des plans tangents, le long des couples de génératrices parallèles, fournit les asymptotes.

Pour les hyperboloïdes à une ou deux nappes, les directions asymptotiques seront recherchées en remplaçant ces surfaces par leur cône asymptote. Le paraboloïde hyperbolique sera remplacé par des plans parallèles aux plans directeurs. On recherche ensuite, sur chaque surface, les génératrices parallèles aux directions asymptotiques. Les asymptotes sont données par les intersections des plans tangents à l'infini contenant ces génératrices : pour le paraboloïde hyperbolique, le plan passant par la génératrice et qui est parallèle à un plan directeur ; pour l'hyperboloïde le plan tangent au cône asymptote le long de cette génératrice.

2.6.4 – Les deux surfaces ont un plan tangent commun

La biquadratique possède un point double. Il faut déterminer les tangentes au point double. Deux méthodes :

• construire le cône du second degré, ayant pour sommet le point double et pour directrice, la biquadratique. On construit une base de ce cône. Les tangentes sont les génératrices de ce cône auxiliaire (appelé parfois *cône d'erreur*), situées dans le plan tangent. On montre que ces tangentes et les génératrices des deux surfaces qui passent par le point double, forment un faisceau harmonique.

• La deuxième méthode consiste à construire, à la même échelle et à un facteur près, les indicatrices des deux surfaces, pour le point double. Les tangentes au point double sont les diamètres communs à ces deux coniques. Cette méthode suppose que les rayons de courbures principaux des deux surfaces se déterminent facilement, et elle est surtout utilisée dans le cas de surfaces de révolution.

2.6.5 – Point courant de l'intersection et tangente en ce point

Si les deux quadriques ne sont pas des surfaces de révolution, ayant leurs axes dans un même plan frontal (voir 2.8), la méthode consiste toujours à couper les deux surfaces par un plan, de telle manière que chaque intersection de la quadrique et du plan soit, en projection horizontale ou frontale, une droite ou un cercle.

Pour les cônes et les cylindres, on coupe les deux surfaces par un plan pivotant autour de la droite qui joint les sommets des deux cônes. On détermine la trace de ce plan auxiliaire sur le (ou les) plan des bases des deux surfaces. On obtient ainsi, en principe, quatre points de la biquadratique. Les tangentes sont les intersections des plans tangents le long des génératrices passant par le point courant.

De nombreuses autres configurations sont possibles. Par exemple, dans le cas de l'intersection d'un paraboloïde hyperbolique et d'un hyperboloïde de révolution, sans génératrice commune, si un plan directeur du paraboloïde est une direction de Monge pour l'hyperboloïde, on coupe les deux surfaces par des plans parallèles à cette direction (ENS 1937).

2.6.6 – Points doubles apparents

La projection de la biquadratique peut avoir des points doubles apparents (ne pas confondre avec les points doubles réels). On peut aussi avoir un point double réel et un point double apparent. Dans tous les cas, les (ou le) points doubles apparents dans la projection horizontale de l'intersection de deux quadriques, se trouvent sur une droite appelée *droite des points doubles*. Cette droite est la projection horizontale de l'intersection des plans diamétraux des cordes verticales des deux quadriques. C'est, plus simplement, l'intersection des plans de contour apparent horizontal, pour chaque quadrique. Résultat analogue pour la projection frontale de l'intersection.
La détermination effective de ces points doubles apparents, basée sur la construction des couples communs à deux involutions, n'a jamais été demandée dans une épure du

concours d'entrée à l'ENS. Le détail de cette construction est exposé dans C. Roubaudi [11, §216].

2.6.7 – Point de rebroussement

En projection horizontale, la tangente en un point de rebroussement est la trace horizontale du plan osculateur à la courbe en ce point. Ce plan osculateur se détermine à l'aide du théorème de Meusnier : on construit les centres de courbures des deux sections normales ayant même tangente (verticale) que la biquadratique. Le plan osculateur est normal à la droite joignant ces deux centres de courbures.

2.7 – Intersection de deux quadriques de révolution dont les axes sont dans un même plan

Toutes les surfaces de révolution proposées aux concours de l'ENS, ont leurs axes concourant. De plus le plan défini par ces axes, est parallèle à l'un des deux plans de projection, généralement au plan frontal.

La méthode pour obtenir le point courant consiste à couper par une sphère, centrée sur l'intersection des deux axes. Cette sphère coupe chaque surface de révolution suivant un cercle, qui se projette frontalement suivant un segment de droite. L'intersection des deux droites donne la projection frontale du point courant.

Compte tenu d'un plan de symétrie frontal, la projection frontale est constituée d'une courbe double. Donc, dans le cas de deux quadriques de révolution :

• si l'intersection est non décomposée, la projection frontale sera constituée par les arcs d'une conique. Cette conique est :

- ➠ une ellipse si une et une seule des surfaces est un ellipsoïde aplati, l'autre n'étant ni une sphère, ni une surface d'axe parallèle à la première ;
- ➠ une parabole si les deux surfaces ont leurs axes parallèles, ou si l'une des surfaces est une sphère ;
- ➠ une hyperbole dans tous les autres cas.

• si l'intersection est décomposée en deux coniques, la projection frontale sera constituée par des segments de droite.

Pour déterminer la tangente au point courant, on utilise la méthode des *deux normales*. Les normales aux deux surfaces au point courant sont faciles à construire : toutes les normales aux points situés sur un même parallèle rencontrent l'axe de révolution en un même point. Ce point se détermine à partir de la normale à la méridienne. D'où les plans tangents, perpendiculaires aux deux normales, dont l'intersection donne la tangente au point cherché.

2.8 – Exemples de constructions géométriques utiles

On rencontre, dans l'exécution d'une épure beaucoup de constructions géométriques. Ce sont des constructions « avec la règle et le compas », à un détail près : les équerres permettent de mener une parallèle (ou une perpendiculaire) à une droite donnée et passant par un point donné.

2.8.1 – Tangentes à un cercle, issues d'un point donné

On construit le milieu du segment défini par le point donné A et le centre du cercle O. Le cercle de diamètre OA coupe le cercle (C) en deux points P et Q qui sont les points de contact (figure 18).

2.8.2 – Intersection d'une hyperbole avec une droite

L'hyperbole est définie par ses asymptotes et le point A. La propriété de l'hyperbole, qui est utilisée pour cette construction, est la suivante : si une droite se déplace parallèlement à elle même, coupant les asymptotes en deux points Q et Q' et l'hyperbole en M et M', alors le produit MQ.MQ' est constant (figure 19).

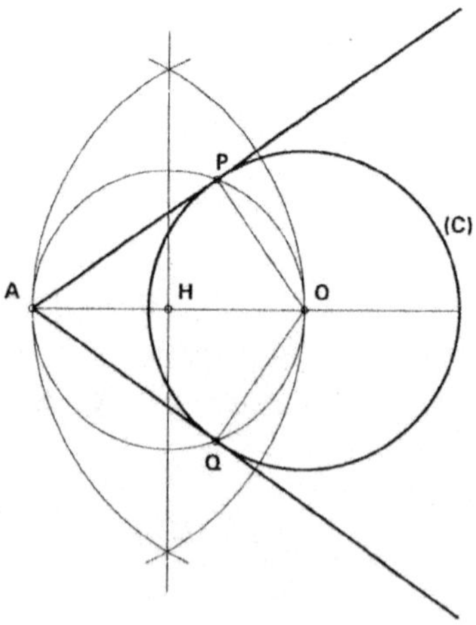

Figure 18 : tangentes à un cercle

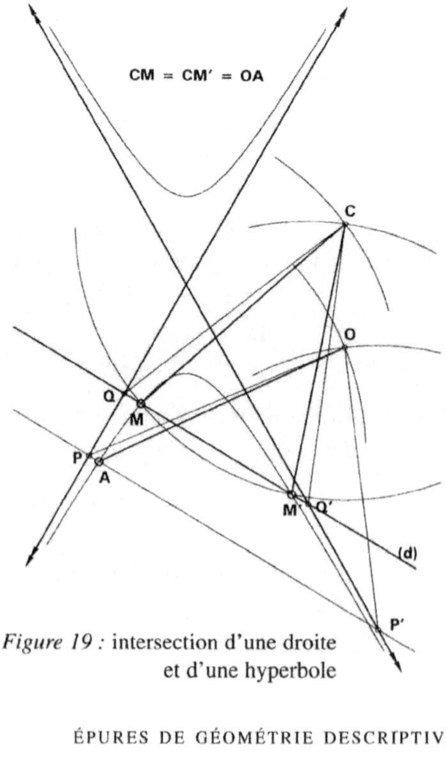

Figure 19 : intersection d'une droite et d'une hyperbole

On mène par le point A une parallèle à la droite (d) donnée, qui coupe les asymptotes en P et P'. Comme MQ.MQ' = AP.AP', les points A et M ont même puissance par rapport à deux cercles, l'un passant par Q et Q' de centre C, l'autre par P et P' de centre O. Si l'on donne le même rayon à ces deux cercles, alors OA = CM (car la puissance d'un point par rapport à un cercle est égale au carré de la distance séparant ce point au centre du cercle, diminuée du carré du rayon du cercle).

2.8.3 – Intersection d'une parabole avec une droite

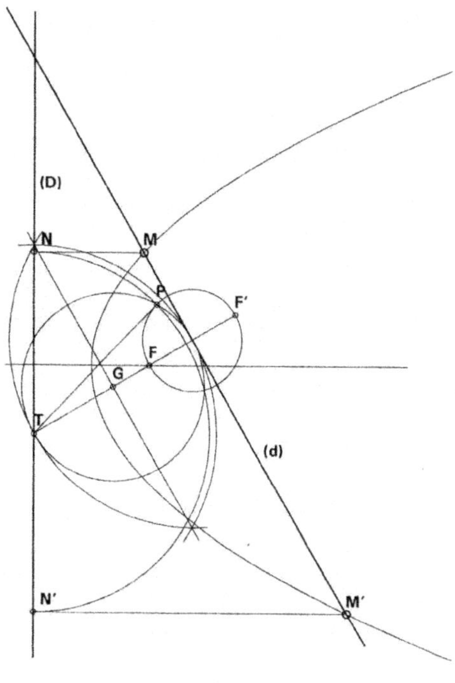

Figure 20 :
intersection d'une droite et d'une parabole

La parabole est donnée par sa directrice (D) et son foyer F. Les points d'intersection de la droite (d) et de la parabole, sont les centres de deux cercles, centrés sur (d), passant par F et tangents à (D) (une des définitions de la parabole). Ces deux cercles font parti du faisceau de cercles défini par le foyer F et son symétrique F' par rapport à (d). Les points N et N' sont donc sur un cercle du faisceau orthogonal au précédent, ayant pour points limites F et F'. D'où la construction (figure 20) :

mener par F la normale à la droite (d) et placer F' symétrique de F par rapport à (d). FF' coupe la directrice (D) en T. Construire un cercle de centre T orthogonal à un cercle passant par FF' (ici c'est le cercle de diamètre FF'). Cette construction est réalisée en menant une tangente issue de T au cercle de diamètre FF'. Le cercle de rayon TP coupe (D) en N et N', d'où les points cherchés M et M'.

2.8.4 – Intersection d'une ellipse avec une droite

L'ellipse (E) est donnée par ses axes principaux. C'est la transformée du cercle (C) par l'affinité de rapport OB/OA. On construit la droite DT, en appliquant à (d) l'affinité inverse. d'où les points N et N' qui donnent les points cherchés M et M' (figure 21).

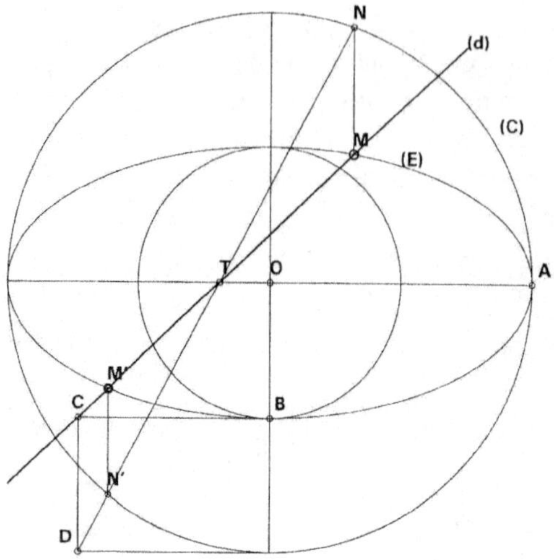

Figure 21 :
intersection d'une droite et d'une ellipse

2.8.5 – Axes d'une ellipse à partir de deux diamètres conjugués

L'ellipse est donnée par deux demi-diamètres conjugués OA et OB (figure 22). Cette ellipse se déduit par affinité à partir d'un cercle, de rayon OA. Par B on mène la parallèle (D) à OA et sur la normale en B à (D) on construit le point C par BC = OA. Il

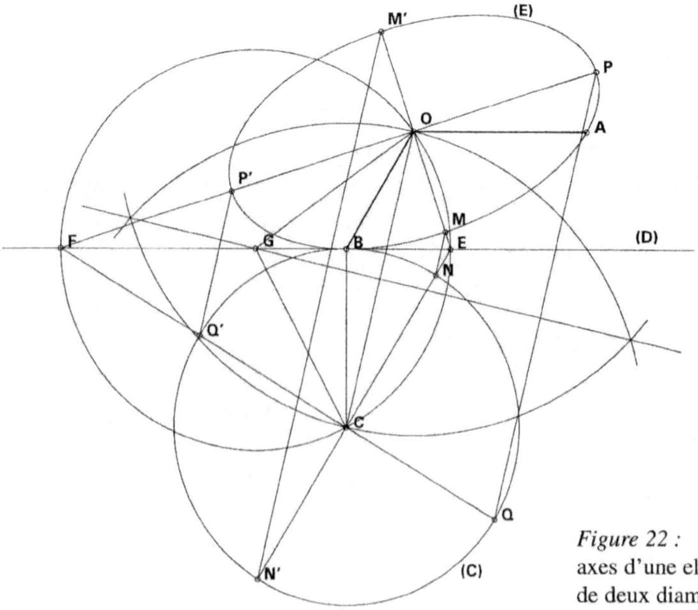

Figure 22 :
axes d'une ellipse à partir
de deux diamètres conjugués

suffit de construire un couple de diamètres rectangulaires pour (C) qui donne des diamètres rectangulaires pour (E). La médiatrice de OC coupe (D) en G. Le cercle de centre G coupe (D) en E et F, points invariant de ces diamètres dans l'affinité. D'où les axes de l'ellipse, OF et OE, ainsi que les sommets obtenus en menant les parallèles à OC passant par Q, Q', N, N'.

L'ellipse peut alors être dessinée soit par la méthode de la « bande de papier », soit à partir des rayons de courbure de ses sommets.

3

Origine des sujets

Aux Archives nationales, dans le carton répertorié par la cote 61/AJ/168, concernant les concours d'entrée à l'École normale supérieure, on peut trouver la première mention relative à une composition de géométrie descriptive. Il s'agit d'un bordereau de notes, concernant dix-sept candidats, ayant concouru pour l'admission en 1858. Des bordereaux analogues y figurent pour les années 1859 à 1864. Signés Max Dunesme. À cette époque les épreuves écrites portent sur les mathématiques, la physique et la philosophie. L'épreuve de géométrie descriptive fait partie des épreuves d'admission, avec les épreuves orales.

Il n'a pas été possible de retrouver les énoncés de ces premiers sujets. Peut-être sont-ils dans les ouvrages de cette époque, mais aucune mention ne permet de les identifier comme ayant été proposés au concours d'entrée.

Les premiers sujets figurent dans l'ouvrage de J. Kiæs [9]. Ce sont ceux de 1865 et 1866. Puis, celui de 1873, dans le livre de J. Caron [6] et ensuite les sujets de 1881 à 1883 et 1886. Dans ce même ouvrage il y a un texte portant mention : « École normale », mais sans mention de l'année. Il a été intégré comme tel à cette compilation, avec l'année 18??.

Les sujets 1885 et 1887 sont dans un recueil des sujets de concours, édité par la librairie Corville. Un exemplaire de ce recueil est conservé à la Bibliothèque nationale. Les sujets des années 1888 et 1889 n'ont pu être retrouvés. A partir de 1890, avec la *Revue de mathématiques spéciales*, les ouvrages de Antomari, Bloch, Aubert et Papelier, Roubaudi, Cagnac et Commisssaire, Cagnac et Commeau, tous les sujets ont pu être retrouvés.

Il n'y a pas eu de concours en 1915, à cause de la guerre.

On trouve, dans l'ouvrage de Cagnac et Commeau, trois sujets « d'après École normale supérieure ». Ils sont légèrement différents des sujets originaux et ils n'ont pas été reproduits.

4

L'épreuve de géométrie descriptive

4.1 – Conseils pour l'exécution d'une épure

Le texte qui suit est extrait de l'ouvrage de G. Cagnac et H. Commissaire : *Cours de mathématiques spéciales,* tome V, *Géométrie descriptive,* 1er fascicule, page 297. Ces conseils techniques évoquent parfaitement tout l'environnement matériel pour l'exécution d'une épure, ainsi que le « savoir faire » qu'il fallait posséder alors.

I. CHOIX DES INSTRUMENTS

Il n'est pas nécessaire d'avoir beaucoup d'instruments, mais il faut que ceux-ci soient de bonne qualité.

Papier. – On utilise le format quart grand-aigle (environ 50 x 35 cm). Rappelons que les dimensions des feuilles de papier ont été établies de façon à ce qu'en les pliant en deux le rapport des côtés reste invariable; ceci est réalisé lorsque ce rapport vaut $\sqrt{2}$. Une épure à échelle 1/2 pourra être réalisée sur format huitième grand-aigle (environ 35 x 25 cm). On évitera les papiers à grains trop gros ou les papiers spongieux; le bon côté de la feuille de papier est celui où se lit la marque.

Planche. – La planche à dessin doit avoir au moins 50 x 35 cm, ou de préférence 60 x 45 cm. On choisira de préférence un planche entièrement encadrée, si possible formée de couches superposées de contre-plaqué, qui, en général ne gauchit pas. On évitera de se charger d'une planche trop grande, plus coûteuse et encombrante.

Té. – Le té, à tête fixe, doit avoir pour longueur la plus grande dimension de la planche. Le té à tête mobile n'est pas nécessaire.

Règle plate. - On évitera la règle plate dont un côté est gradué ; ce côté n'est pas rectiligne et ne peut pas être utile. La règle doit avoir une longueur d'environ 50 cm.

Deux équerres – Deux équerres sont nécessaires, la première à 60° et 30° (dimension du grand côté de l'angle droit : 25 à 30 cm), l'autre à 45° (dimension des deux côtés de l'angle droit : 20 à 25 cm).

Les instruments précédents peuvent êtres achetés soit en *bois* (mais il convient alors de les vérifier avant l'achat et de s'assurer de la rectitude de leurs bords ainsi que de la perpendicularité des côtés des équerres), soit en *matière plastique* (les instruments sont plus coûteux, mais ne se déforment pas et sont en général de grande précision).

Compas – Il est inutile d'acheter une pochette de compas très complète ; les instruments peuvent être achetés séparément ; il faut avoir :

1° *un bon compas* sur lequel on peut fixer soit une mine de crayon, soit un tire-ligne (la rigidité des tiges est la qualité essentielle d'un compas) ;

2° *un bon tire-ligne* ; on reconnaît un bon tire-ligne en vérifiant que les pointes sont fines, en acier, de la même longueur, en face l'une de l'autre.

3° *un compas à pointes sèches* pour le report des distances.

Il faut en outre un *crayon très dur, un crayon tendre*, un petit flacon d'*encre de Chine noire*, un autre d'*encre de Chine rouge* très limpide et un troisième d'*encre de Chine bleue*.

Tous ces instruments doivent être de bonne qualité ; on les achètera dans une maison spécialisée.

II. ENTRETIEN DES INSTRUMENTS

De bons instruments peuvent et doivent servir très longtemps si on sait les entretenir.

1) *Planche, té, équerres, règle* – On évitera de heurter ces instruments et de les laisser tomber sur le plancher. On évitera de placer la planche dans des conditions atmosphériques susceptibles de la déformer, par exemple dans un placard humide ; on la posera autant que possible à plat.

2) *Compas et tire-ligne* – On nettoiera soigneusement, après usage, le compas et le tire-ligne, avec un chiffon ou une petite peau de chamois. On le huilera très légèrement pour éviter la rouille et faciliter l'écoulement de l'encre. Si l'on a pas de pochette-écrin, on enveloppera chaque pièce dans un morceau de flanelle et on enfermera le tout dans une petite boîte.

Il arrive qu'après un long usage les pointes du tire-ligne s'usent et l'instrument devient incapable de tracer des trait fins. On peut alors les retailler en les frottant avec soin et toujours par la face extérieure, sur le fond d'un godet en porcelaine, mais c'est là une opération délicate ; si l'on n'est pas sûr de soi, il vaut mieux confier le retaillage à une maison spécialisée.

3) *Crayons* – Les crayons doivent être aiguisés avec soin. Pour le crayon dur, il faut laisser sortir de 5 à 10 mm de mine, et l'aiguiser sur un papier d'émeri fin, en cône d'angle au sommet très aigu, de façon que le bout de la mine conserve son acuité plus longtemps. On opère de même pour la mine à fixer au compas.
On évitera la taille en sifflet qui, surtout en ce qui concerne le compas au crayon, manque beaucoup de précision. On n'hésitera pas à retailler les crayons plusieurs fois au cours de la réalisation d'une épure car leur usure inévitable ne permet plus une précision suffisante.

III. MISE EN PLACE

Il n'est pas inutile de rappeler qu'il convient de conserver les mains propres et sèches pendant toute la durée de l'exécution d'une épure.

On fixe la feuille sur la planche par les quatre coins, au moyen de petites bandes de papier gommé, en réalisant approximativement, à vue d'œil, le parallélisme des côtés de la feuille et de ceux de la planche. En traçant les deux diagonales de la feuille, on détermine son centre.

En plaçant la tête du té sur un petit côté de la planche, on trace une droite passant par le centre : ce sera l'un des axes de l'épure ; l'autre axe sera la droite perpendiculaire menée par le centre, perpendiculaire tracée à l'aide de la grande équerre mise au contact du té.

Plus généralement les parallèles au grand axe seront tracées à l'aide du té ; les parallèles au petit axe à l'aide d'une équerre mise en contact du té.

On ne doit jamais se servir du té sur deux côté adjacents de la planche, car on ne peut garantir que ces côtés soient perpendiculaires. Il suffit qu'en déplaçant le té sur un petit côté de la planche on soit assuré d'obtenir une famille de droite parallèles.

Les opérations précédentes doivent être effectuées en deux minutes au plus.

On procède alors à la mise en place de l'épure en suivant les indications du texte. **On s'attache à ne pas commencer l'exécution avant d'avoir soigneusement vérifié que la mise en place est bien conforme à l'énoncé,** sinon on s'expose à exécuter une autre épure, avec toutes les conséquences fâcheuses que cela entraîne. On a pu constater parfois dans certains concours, un nombre important d'épures erronées par suite d'une faute de mise en place, nombre pouvant atteindre de 6 à 7 % de celui des candidats.

IV. EXÉCUTION DE L'ÉPURE AU CRAYON

1) Il est recommandé de s'aider de croquis, faits à part sur une feuille de brouillon, pour aider les tracés que l'on aura à exécuter. Par exemple, si on doit chercher l'intersection de deux cônes, on pourra, sur le brouillon, reconstituer la figure 251 du texte et utiliser les mêmes lettres (au crayon tendre) sur l'épure même. Le croquis guidera les tracés. Si l'épure devient encombrée, un croquis annexe peut permettre de résoudre plus facilement un problème partiel en le dégageant du reste de l'épure.

2) **On utilisera, d'abord, les méthodes générales,** avant de chercher à profiter des circonstances particulières de l'épure pour modifier ces méthodes.

3) Au point de vue technique :
a) on utilisera le crayon dur, finement aiguisé, sauf pour les lettres ;
b) on n'appuiera pas trop, de façon à ne pas laisser de sillons dans la feuille de papier ;
c) la pointe du crayon doit être en contact du bord du té, de la règle, ou de l'équerre ;
d) on gommera le moins possible ; si on y est contraint, on ne frottera pas trop fort (une pression légère de la gomme suffit si on a pas entamé le papier avec le crayon) et *on débarrassera ensuite la feuille des débris de gomme ;*
e) l'opération qui consiste à piquer la pointe du compas exactement au point d'intersection de deux droites est délicate et doit être exécutée avec soin ;
f) tout point étant défini comme intersection de deux lignes, il est inutile d'y passer du crayon pour le rendre plus épais : on diminue ainsi la précision avec laquelle il est défini ; si on veut attirer l'attention sur un point, on l'entoure d'un petit rond (2 mm de diamètre) au crayon tendre.

V. TRACÉ DES COURBES A MAIN LEVÉE

1) *Coniques* – On a souvent besoin de tracer des coniques.
Si une ellipse est déterminée pas ses sommets, il suffit souvent, comme on l'a expliqué au n° 54, de tracer les cercles surosculateurs aux sommets. Si l'on connaît deux diamètres conjugués de l'ellipse, on peut en construire des points et des tangentes en considérant cette courbe comme transformée d'un cercle dans une affinité (*Spéc.* III, 601 ; *Sup.* II 371).
Pour une hyperbole, on tracera toujours les asymptotes ; si l'on connaît les sommets, on tracera les cercles surosculateurs aux sommets (pour la construction du centre de courbure d'une hyperbole en un sommet, voir *Spéc.*, II, 387, fig. 256 ou *Sup.* II, 300, fig. 329). De toutes façon, connaissant les asymptotes et un point, on sait construire autant de points et de tangentes que l'on veut (*Spéc.* III, 603 ; *Sup.* II, 375).

Si l'on connaît le sommet et le foyer d'une parabole, on trace le cercle surosculateur au sommet (le rayon de courbure d'une parabole en son sommet est égal au paramètre) et on marque les points situés sur la corde focale perpendiculaire à l'axe ; en ces points les tangentes font 45° avec l'axe.
Si l'on connaît deux points d'une parabole et les tangentes en ces points, on peut construire d'autres points et d'autres tangentes en utilisant la propriété de la sous-tangente relative à un diamètre quelconque (*Spéc.* III, 499 ; *Sup.* II, 363).

2) *Courbes quelconques* – On suppose que l'on a déterminé assez de points et de tangentes et que l'on sache dans quel ordre joindre ces points.
Le tracé se fait au crayon tendre, très finement taillé, sans appuyer. **On place la main dans la concavité de la courbe** et on utilise la main comme une sorte de compas articulé au poignet, en l'amenant vers la poitrine ; on tourne la planche au fur et à mesure. On trace d'abord la courbe à grands traits, en respectant les points et les tangentes, de manière à en avoir l'allure générale, sorte de canevas qu'il faudra ensuite rectifier. Cette rectification est délicate, on la fera en s'aidant des principes suivants :

1) On partira d'un arc bien documenté, où les points et les tangentes sont assez rapprochés.

2) La géométrie analytique montre qu'au voisinage d'un point ordinaire d'une courbe, celle-ci est sensiblement symétrique par rapport à la normale en ce point, cette remarque permet de quitter correctement une tangente qui a été bien abordée.

3) Des considérations relatives à l'*ordre* pourront éviter, dans le tracé des *courbes algébriques*, des « déraillements » trop important ou des singularités superflues. Une courbe algébrique d'ordre 4, à coefficients réels, par exemple, ne peut être coupée par une droite ou un plan réel qu'en 0, 2 ou 4 points réels.

4) Une courbe algébrique ne présente qu'un nombre limité de points d'inflexion ; ces points séparent des arcs dont les concavités sont tournées en sens contraire ; ces arcs sont aussi en nombre limité. Il en résulte que la présence d'un trop grand nombre de points d'inflexion est une présomption d'erreur. Est-il besoin d'ajouter qu'aucune des trois coniques ne possède de points d'inflexion ?

5) La détermination des asymptotes est très précieuse pour la précision des branches infinies : encore convient-il de rappeler que la courbe se rapproche indéfiniment de son asymptote !

6) On ne négligera pas, le cas échéant, des considérations d'ordre esthétiques ; pour les courbes usuelles, que le géomètre rencontre normalement au cours de ses études, l'exactitude et la beauté vont ensemble ; une courbe vraie est une courbe belle.

Quand, après retouches et rectifications, on est arrivé à un tracé qu'on juge convenable, on repasse le trait avec le crayon dur, en ne craignant d'appuyer un peu et de faire un léger sillon dans la feuille : ce sillon guidera la plume sans difficulté lors de la mise à l'encre.

VI. PONCTUATION

On effectue la ponctuation avant toute mise à l'encre... après, il sera trop tard pour rectifier une erreur, il faudra se résoudre au grattage, ce qui est sale et fait perdre du temps. On recommande, lorsque l'usage du papier calque est possible, de calquer les courbes demandées ainsi que les contours apparents des objets à représenter ; on étudiera la ponctuation sur cette feuille de papier calque. On pourra ainsi en usant de crayons de diverses couleurs, distinguer les divers corps représentés. On pourra se rendre compte de l'effet visuel produit par le dessin que l'on aura obtenu, et, le cas échéant, on pourra facilement, par un coup de gomme, réparer une erreur de ponctuation sans gâcher le dessin soigneusement fait sur la planche.

VII. MISE À L'ENCRE

Les opérations de mise à l'encre doivent être effectuées dans l'ordre suivant :

1) On repasse d'abord les traits qui doivent être représentés en noir sur l'épure ; on commence par tracer les cercles, puis les lignes droites, et enfin, on dessine avec une plume à dessin, les lignes courbes que l'on doit reproduire à main levée.

2) On repasse ensuite en rouge, continu et fin, les constructions qui justifient les résultats obtenus : dans l'intersection de deux polyèdres on marque les constructions de chacun des sommets de l'intersection ; dans l'intersection de deux surfaces courbes, il suffit d'indiquer la construction d'un point courant et de la tangente en ce point, mais on devra indiquer la construction de tous les points et tangentes remarquables : points fournis par une surface auxiliaire limite, points sur les contours apparents, points doubles effectifs avec leurs tangentes, asymptotes.
On facilite la tâche du correcteur en mettant quelques lettres sur l'épure ; on recommande de mettre m, m' aux deux projections du point courant conservé et t, t' aux deux projections du point qui a servi à déterminer, avec m, m', la tangente courante mt, $m't'$. Si cette tangente a été menée parallèle à une droite (δ, δ'), on pourra indiquer ce parallélisme en mettant t_∞ sur les projections horizontales de la tangente et de la droite δ, t'_∞ de même en projection frontale. Si la projection mt a été menée perpendiculairement à une direction d, on notera cette orthogonalité en notant la valeur de l'angle.
L'épure finale est formée de deux dessins, l'un à l'encre noire, l'autre à l'encre rouge, le premier ressortant nettement sur le second, mais le second conservant néanmoins assez de netteté pour que la lecture en soit possible sans fatigue visuelle. Le souci de la précision ne doit pas primer celui de la géométrie : les propriétés géométriques mises en jeu dans l'exécution d'une épure doivent pouvoir être lues aisément par le correcteur.

3) Si l'épure comporte des ombres, les séparatrices d'ombre et de lumière se font de préférence en bleu, d'un trait plus fin que celui qui a été utilisé pour indiquer les résultats.

Rappelons qu'il n'y a pas à représenter d'ombre à l'intérieur d'une autre ombre, mais qu'il y a lieu de représenter en points ronds bleus les arcs des séparatrices d'ombre et de lumière qui existent effectivement mais sont cachés pour l'observateur. Sur les ombres visibles on met des hachures fines au crayon bleu, équidistantes de 1,5 mm environ ; si l'on a le temps ou si cela est imposé, ces hachures se font à l'encre bleue ; on peut aussi recouvrir les ombres visibles d'une teinte plate d'encre de Chine bleue.

4) On gomme les traits de crayon qui subsistent et on nettoie soigneusement la feuille.

Remarques. - Au cours de la mise à l'encre, il ne faut pas trop serrer les branches du tire-ligne. On peut repérer sur l'écrou de réglage, par une flèche dirigée vers le bas, la position pour laquelle les deux pointes vont être en contact : on aura ainsi la position convenable pour les traits rouges de construction. Un serrage moins fort est nécessaire pour les traits noirs qui servent à la représentation de la figure demandée.
On ne mettra pas plus de 5 mm d'encre dans le tire-ligne, pour éviter une arrivée d'encre trop abondante.
Pour éviter les taches, on ne met pas les pointes du tire-ligne en contact avec la règle, contrairement à ce que l'on fait pour la pointe du crayon.
Pour le tracé des cercles de grand rayon, on placera l'aiguille à pivot et le tire-ligne du compas perpendiculairement à la feuille de papier, afin que le tire-ligne puisse fonctionner normalement.

4.2 – Dessin ou calcul ?

Dans la quasi totalité des épures il faut déterminer l'intersection de deux ou plusieurs surfaces. La géométrie analytique permet d'obtenir les équations des courbes, projection frontale et projection horizontale. Certains taupins, excellents calculateurs, se lançaient dans la détermination de ces équations. Restait à construire les courbes et effectuer la représentation demandée. Cette tendance s'est surtout manifestée parmi les candidats à l'ENS. Elle s'est accentuée dans les dix dernières années au point que le dernier sujet, donné en 1959, se terminait par : « NB. On évitera les calculs de géométrie analytique ». Il est évident que cette manière de faire n'est pas conforme à l'esprit de la géométrie descriptive, où tout est fondé sur la notion de « construction géométrique », pouvant être réalisée avec la règle et le compas. Il faut toutefois raison garder, comme en témoigne l'« avertissement » dans l'ouvrage de G. Cagnac et J. Commeau [5] :

Nous estimons que, dans la classe de Mathématiques spéciales, l'épure de géométrie descriptive ne doit pas, d'une manière générale, se réduire à un exercice de pure technique. Nous pensons au contraire que toute épure doit poser au moins un problème de géométrie à résoudre comme application des théories exposées dans le cours de géométrie analytique, et même dans les cours antérieurs de géométrie élémentaire. Elle doit aussi fournir l'occasion de réaliser matériellement, instruments en main, des constructions géométriques qui, autrement, resteraient lettre morte.

……

Nous tenons à dire qu'à notre avis tous les moyens sont bons, jusques et y compris le calcul analytique, pour résoudre les différents problèmes que pose l'exécution d'une épure. C'est dire que nous nous refusons à admettre qu'un long raisonnement de géométrie constitue une méthode élégante pour établir un résultat qui peut être obtenu en quelques lignes par le calcul.
La géométrie est une, et il nous semble que nulle part mieux que dans une épure cette unité ne peut se manifester.

Par ailleurs, dans le cas où l'on demande de déterminer l'intersection de deux quadriques, dont on peut aisément trouver les équations, $Q_1 = 0$ et $Q_2 = 0$, est-il légitime de remplacer l'une d'elle, par exemple $Q_1 = 0$, par $Q_1 + \lambda Q_2 = 0$, et par la suite, effectuer toutes les constructions avec les quadriques $Q_2 = 0$ et $Q_1 + \lambda Q_2 = 0$, où une valeur judicieusement donnée à λ, conduirait à des constructions beaucoup plus simples ? Il est permis d'en douter : dans un corrigé paru dans la *Revue de mathématiques spéciales*, le correcteur émettait les plus grandes réserves sur l'accueil qui pourrait être fait dans un concours à cette manière de procéder.

On voit que les règles ne sont pas clairement définies et il est bon de rappeler ce qu'écrit A. Thibaut, inspecteur de l'Académie de Paris en 1925, dans sa préface au traité de *Géométrie descriptive* de C. Roubaudy :

En dehors de son importance pratique, la géométrie descriptive a une double valeur éducative parce qu'elle est un art autant qu'une science.

Tout cela justifie le terme « interpréter » pour l'exécution d'une épure.

5

Une épure de concours : 1958

L'épure ci-après fait partie des dernières corrigées : celles de 1959 ne l'ont pas été. C'est une des deux meilleures notes pour cette année. La notice manuscrite est reproduite ci-dessous. Le sujet se trouve à la page 54.

Intersection d'un cône (*K*) et d'une nappe de HR_2

1) La parabole *P* en tournant autour de la verticale de *S* engendre une portion de quadrique de révolution (car la verticale de *S* se projette sur son plan suivant son axe de symétrie). Cette quadrique a pour points à l'infini ceux engendrés par le point à l'infini de *P*, d'où les directions asymptotiques de la conique (Γ) : *c'u* et *c'v*. Le point *C* est, à cause de la symétrie, un sommet de cette conique qui va donc être une branche d'hyperbole ; ses asymptotes passent par les points *d'* et *e'* tels que *c'd'* = *e'c'* = 32 mm = paramètre de la projection horizontale de *P* ; elles sont tracées en bleu.
Remarque : *h'd'* = *h's'* : *s'* est un foyer de (Γ) et *s* un foyer du HR_2 engendré par *P*.

2) Le cône (*K*) de sommet *S* est de révolution car le cercle (ω'_1) tangent à s'_1b', à $s'_1 z$ (qui sont les deux génératrices de (*K*) dans le plan de profil de *S*) et à *b'g'* est tangent à, *b'g'* en *g'*, foyer de la parabole intersection de (*K*) et du plan frontal de projection.

(*K*) étant de révolution, il est le lieu des points tels que leur distance à *S* soit proportionnelle à leur distance au plan parallèle à la ligne terre de trace $s'_1 p'_1$ ($p'_1\ s'_1\ \omega'_1$ = 1 angle droit).

Mais le HR_2 est le lieu des points tels que leur distance à *S* soit proportionnelle à leur distance au plan directeur horizontal (de trace frontale q'_1, q_1) relatif à *S*. Les points

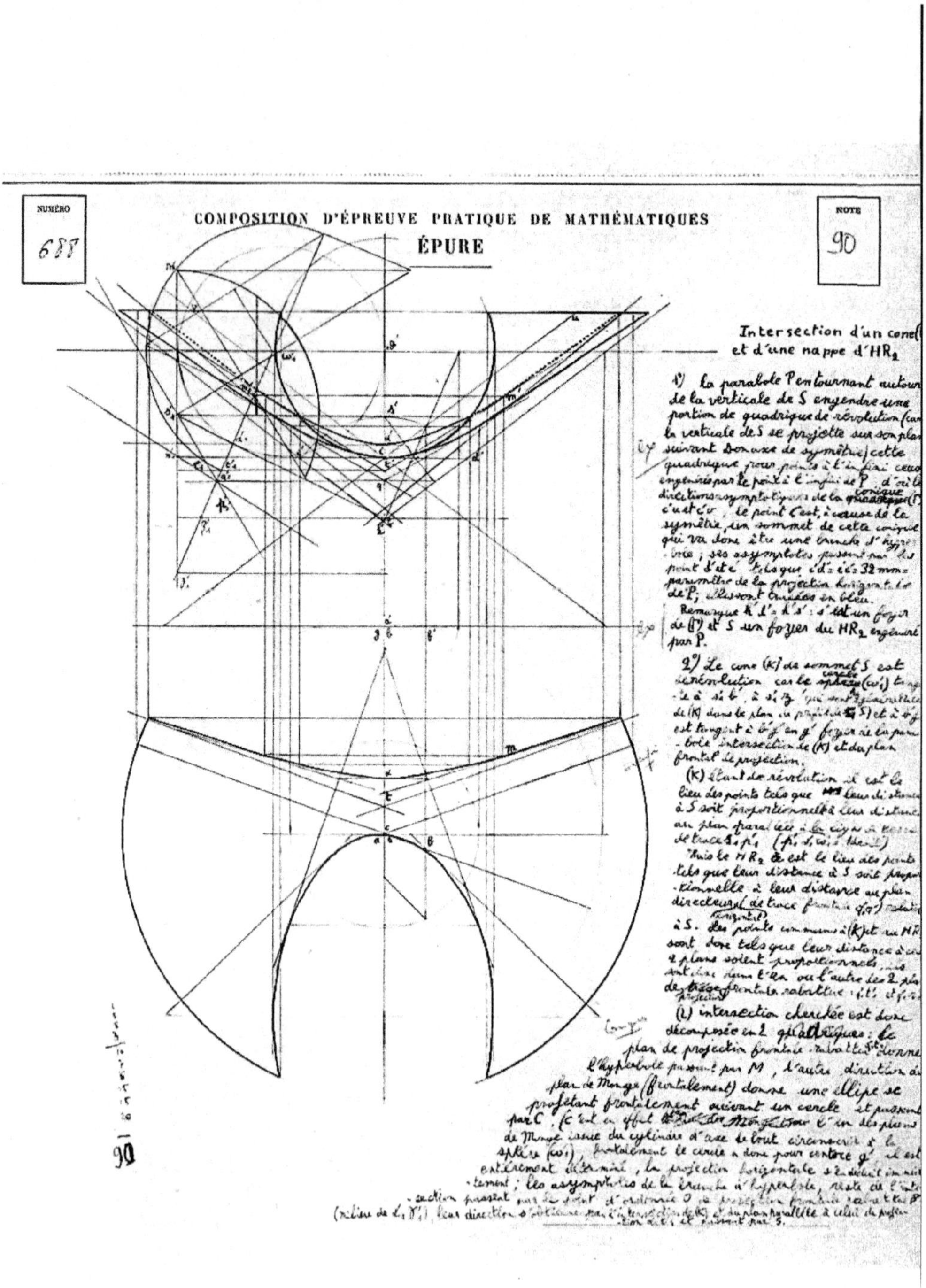

Centre historique des Archives nationales – Atelier de photographie – cote AJ/61/279

communs à (*K*) et au HR_2 sont donc tels que leur distance à ces deux plans soient proportionnels, ils sont donc dans l'un ou l'autre des deux plans de projection frontale rabattue $q'_1t'_1$ et $q'_1r'_1$.

(*L*), intersection cherchée est donc décomposée en deux coniques : le plan de projection frontal rabattu, $q'_1t'_1$, donne l'hyperbole passant par *M*, l'autre direction de plan de Monge (frontalement) donne une ellipse se projetant frontalement suivant un cercle et passant par *C*, (c'est en effet l'un des plans de Monge issu du cylindre d'axe de bout circonscrit à la sphère (ω'_1), frontalement le cercle à donc pour centre *g'*, il est entièrement déterminé, la projection horizontale s'en déduit immédiatement; les asymptotes de la branche d'hyperbole, reste de l'intersection, passent par le point d'ordonnée *O* de projection frontale rabattue b'_1 (milieu de a'_1,b'_1) leurs directions s'obtiennent par l'intersection de (*K*) et du plan parallèle à celui de projection $a'_1t'_1$ et passant par *S*.

6

Les sujets et leur interprétation

6.1 - Index

Hyperboloïde elliptique : 1947-1896

Intersection décomposée en 2 coniques : 1958-1951-1950-1945-1917-1914-1913-1912-1911-1909-1905-1904

Ombres : 1951-1945-1943-1942-1935-1917-1914-1913-1911-1910-1909-1905-1904-1887

Paraboloïde de révolution : 1947-1941-1927-1912-1910-1904

Paraboloïde hyperbolique : 1949-1937-1931-1929-1925-1922-1911-1910-1905-1902-1899

Sphère : 1956-1953-1939-1917-1903-1902-1898-1885-1865

Surface de révolution du quatrième degré : 1957-1955-1953-1952-1941-1936-1933-1932-1928-1920-1916-1893-1890

Tore : 1948-1944-1933-1932-1928-1923-1921-1918-1914-1908-1906-1900-1897-1895-1894

6.2 – Classement par années et interprétation

1959

Deux hyperboloïdes de révolution et cône asymptote

La ligne de terre y'y est le petit axe de la feuille. L'unité de longueur est le centimètre.

On donne les points :

A(10, 4, 4) ; B(10, 3, 11) ; Ω(10, 0, 8) ; F(16, 0, 8)

(C) est l'hyperbole équilatère dont un foyer est F et dont l'axe non transverse est la droite AB. En tournant autour de cet axe, elle engendre un hyperboloïde à une nappe (S). G est l'hyperbole équilatère dont un des foyers est F et dont l'axe non transverse est la droite AΩ. En tournant autour de cet axe, elle engendre un hyperboloïde à une nappe (Σ). (K) est le cône asymptote de (S).

1) Construire les contours apparents de (S), (Σ) et (K).

2) Construire l'intersection (Λ) de (S) et de (Σ) ainsi que l'intersection de (L) de (S) et de (K). Pour cette dernière courbe seulement, on reproduira à l'encre bleue, la construction avec la règle et le compas d'un point courant et de la tangente en ce point. Ces éléments seront désignés par les lettres (m,m') et (mt, m't') qui devront obligatoirement figurer sur l'épure.

3) Représenter la portion de surface opaque (S) qui est à la fois à l'extérieur de (K), à l'intérieur de (Σ) et entre les plans $z = 2$ et $z = 14$. On précise que le point A est à l'intérieur de (K) et à l'intérieur de (Σ).

4) Dans une brève notice, écrite exclusivement au recto de la feuille, indiquer (avec justification à l'appui) l'ordre et la nature des courbes rencontrées.

NB. On évitera les calculs de géométrie analytique.

Ce NB fait allusion à l'épure proposée en 1958, qui donna lieu, de la part de certains candidats, à beaucoup de calculs analytiques.
C'est le dernier sujet de géométrie descriptive proposé au concours de l'ENS. Il n'a pas été corrigé et l'épreuve a été neutralisée (B. A.).

1959

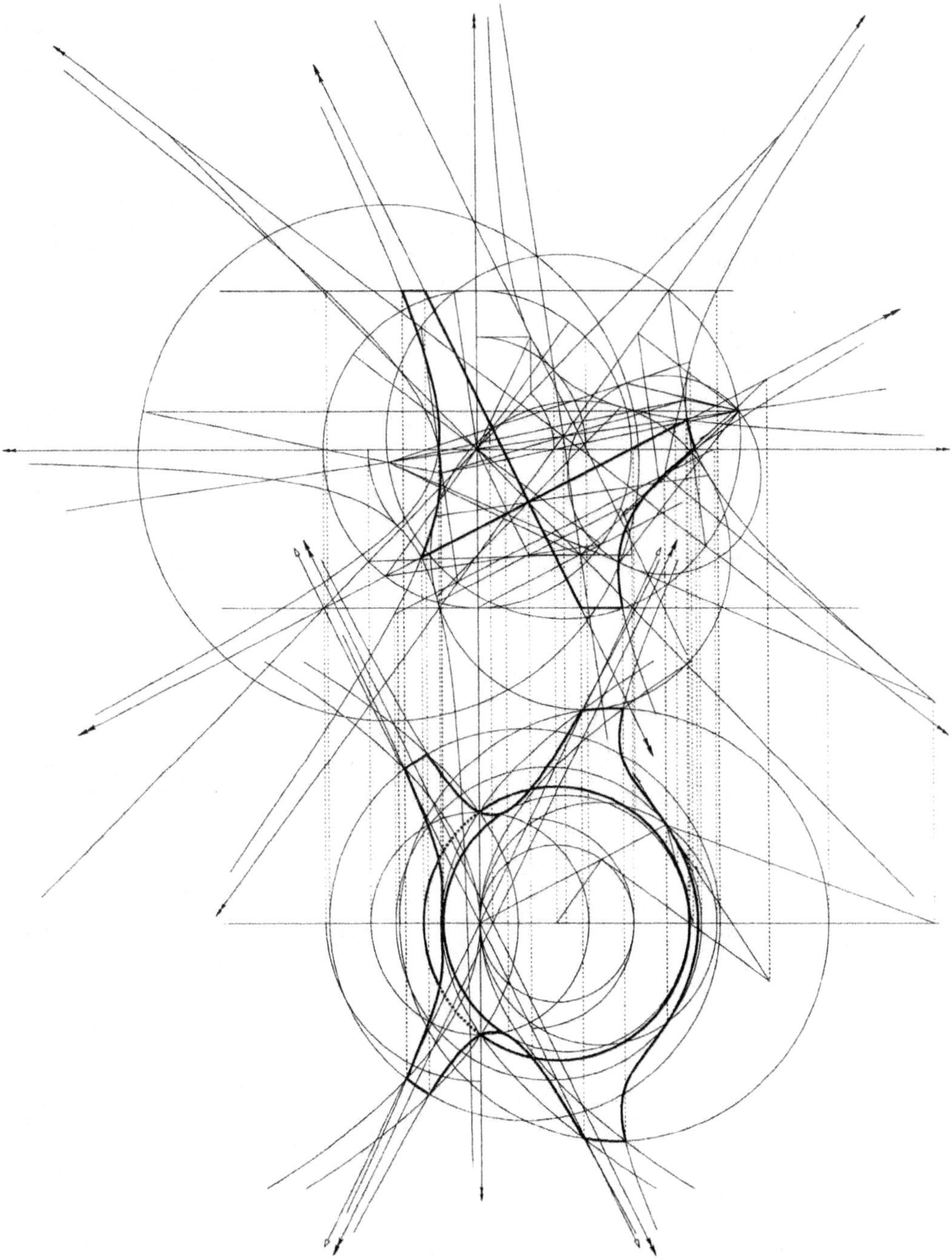

1958

Hyperboloïde à deux nappes et cône

L'unité de longueur est le millimètre. La ligne de terre y'y est parallèle au petit axe de la feuille, à 230 millimètres du bord inférieur. L'axe xz est à 160 millimètres du bord gauche. On donne les points :

S(80, 4, 80) ; B(0, 0, 41) ; G(0, 0, 105) ; A(80, 0, 0) ; F(80, 16, 0).

(K) désigne le cône dont le sommet est S et dont la base dans le plan frontal $x = 0$ est la parabole définie par son sommet B et par son foyer G. (P) désigne la parabole du plan de bout $4(z - 64) - 3y = 0$ dont la projection horizontale a pour sommet A et pour foyer F.

1) En tournant autour de la verticale de S, (P) engendre une surface (Q). Construire la section (G) de (Q) par le plan frontal $x = 80$.

2) Construire les deux projections de l'intersection (L) de (Q) et de (K). On reproduira à l'encre bleue la construction d'un point courant (mm') et de la tangente (mt,m't'). Ces lettres figureront sur l'épure.

3) Représenter la portion de la surface (Q) – mince et opaque – qui est à la fois à l'extérieure de (K) et entre les plans horizontaux de cote 0 et 120.

4) Dans une brève notice rédigée exclusivement au recto de la feuille indiquer, avec justifications à l'appui, l'ordre et la nature de courbes rencontrées. Expliquer la détermination de leurs éléments remarquables. On pourra mettre quelques lettres sur l'épure pour faciliter les explications.

1958

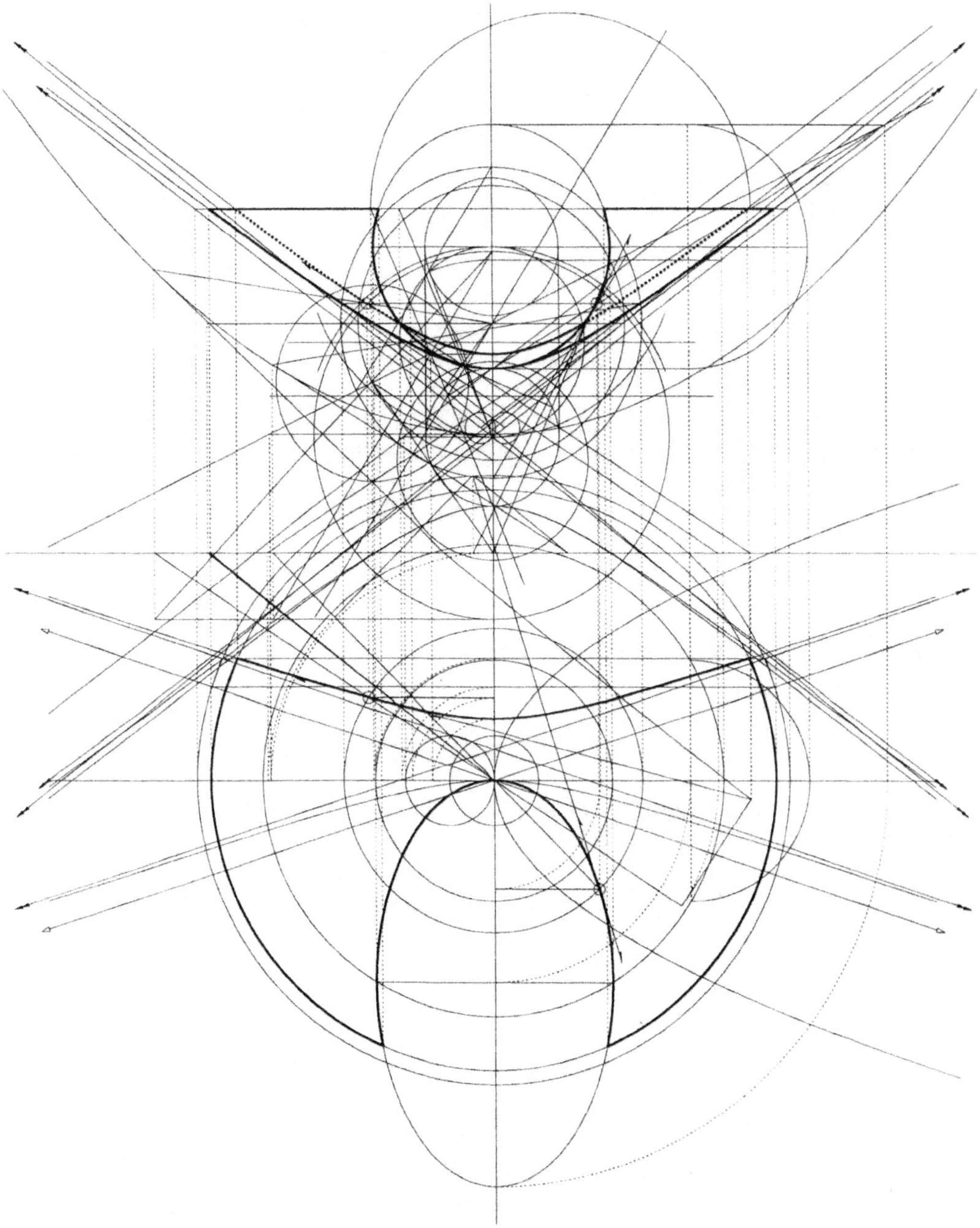

1957

Cône, cylindre et surface de révolution

La ligne de terre y'y est parallèle au petit axe de la feuille. L'unité de longueur est le centimètre. On donne les points :

F(10, 0, 0) ; A(10, -4, 0) ; S(10, 0, 8) ; B (10, -8, 0)

(K) désigne le cône de sommet S dont la base dans le plan horizontal (z = 0) est la parabole définie par son foyer F et son sommet A.

(C) désigne le cylindre de génératrices parallèles à la droite BS dont la base dans le plan horizontal (z = 0) est le cercle défini par son centre B et son rayon R = 4.

1) Construire les deux projections de l'intersection (L) de (K) et de (C).

2) Construire la méridienne principale de front (G) de la zone de révolution (R) engendrée par (L) en tournant autour de la verticale (D) d'équation $x = 10$, $y = 2\sqrt{2}$.

3) Représenter la portion de la surface (R) – mince et opaque – qui est située à l'extérieur du cylindre (C).

4) Dans une brève notice rédigée exclusivement au verso de la feuille indiquer, avec justifications à l'appui l'ordre et la nature des courbes rencontrées. Expliquer la détermination de leurs éléments remarquables. On pourra mettre quelques lettres sur l'épure pour faciliter les explications.

NB : On ne demande aucune construction de point courant.

1957

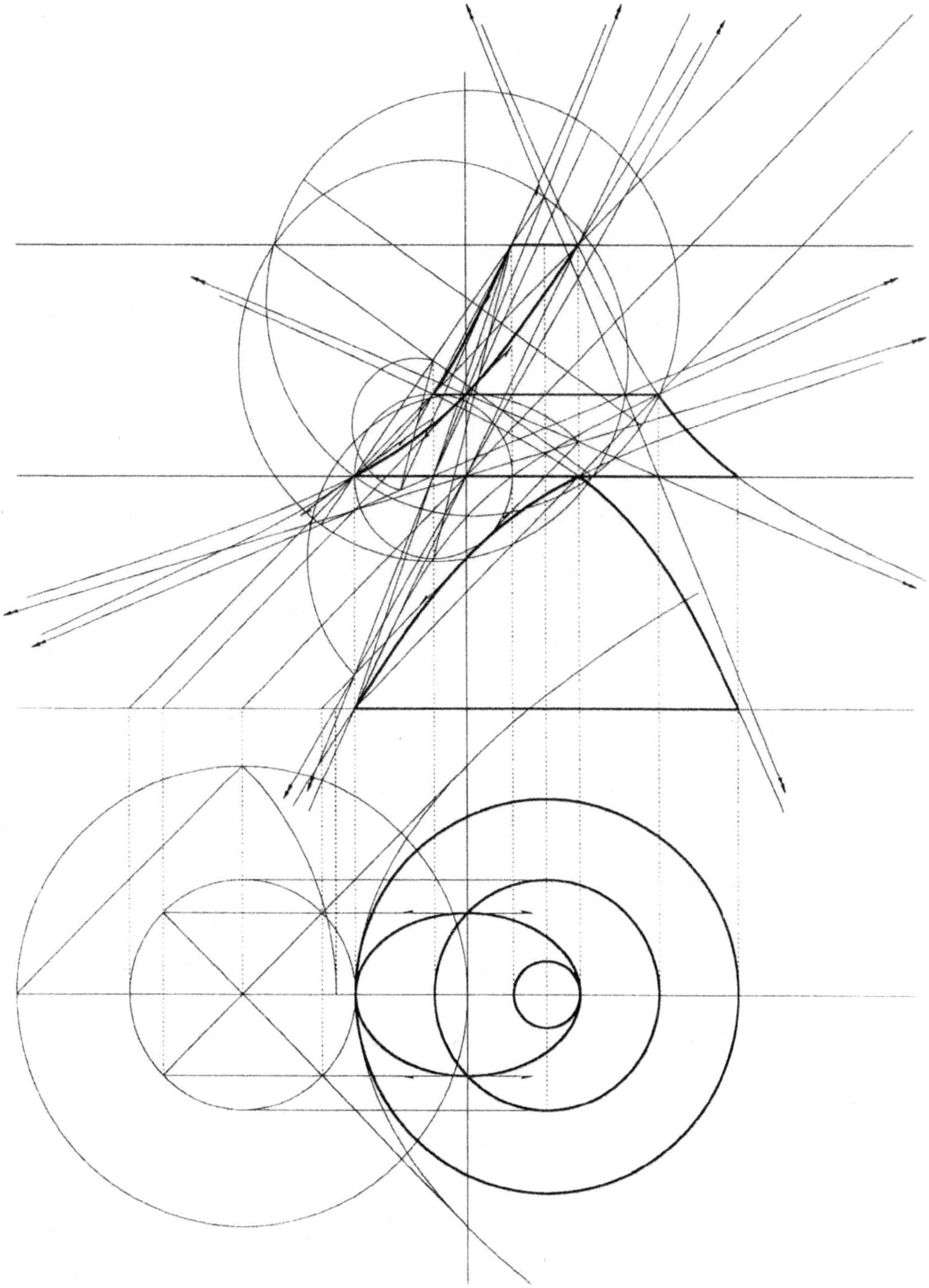

1956

Cône, cylindre et sphère

Les données sont en centimètres et sont rapportées à un système d'axes rectangulaires Oxyz. L'axe Oy est parallèle au bord inférieur de la feuille et à 20 centimètres de ce bord. Il est orienté positivement vers la droite. Le plan xOy est le plan horizontal de projection. Le plan yOz est le plan frontal de projection. Le plan xOz est de profil, à 14 centimètres du bord gauche. L'axe Ox est orienté positivement vers le bas et l'axe Oz vers le haut.

DONNEES :

Un cône de révolution a pour sommet A ($x = 4$; $y = -3\sqrt{2}$; $z = 4$). Son axe frontal fait 45° avec le plan horizontal et, sur cet axe les cotes croissent de gauche à droite. Le cône admet une génératrice verticale.
Un cylindre parabolique passe par la parabole du plan horizontal de projection définie par son sommet B ($x = 2.5$; $y = 4$; $z = 0$) et par son foyer F ($x = 5.5$; $y = 4$; $z = 0$). Les génératrices du cylindre ont pour paramètres directeurs (0, 1, -1).

QUESTIONS :

1) Déterminer les projections – horizontale et frontale – de l'intersection (C) du cône et du cylindre. Point courant et tangente. Éléments remarquables.

2) En tournant autour de la verticale (D) d'équation ($x = 10$, $y = 0$) La courbe (C) engendre une zone (S) de révolution. Déterminer (S).

3) Représenter la portion de (S) – mince et opaque – qui est extérieure au cône.

4) Indiquer, dans une notice rédigée sur la partie droite de la feuille, les particularités rencontrées dans l'exécution de l'épure et les méthodes employées pour les résoudre. On pourra mettre quelques lettres sur l'épure pour faciliter les explications.

1956

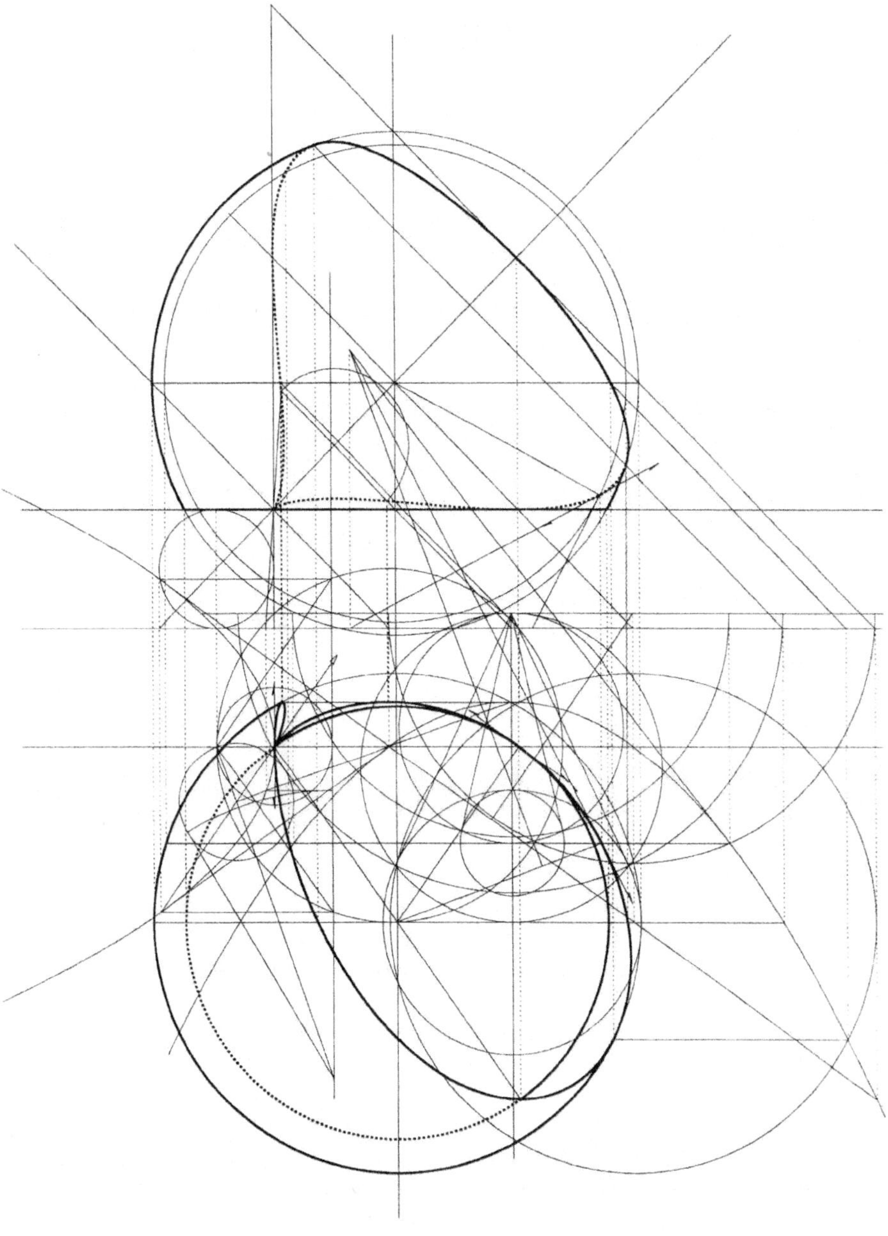

1955

Surface de révolution et hyperboloïde à deux nappes

Les données sont en centimètres et sont rapportées à un système d'axes rectangulaires Oxyz. L'axe Oy est parallèle au bord inférieur de la feuille et à 26 centimètres de ce bord. Il est orienté positivement vers la droite. Le plan xOy est le plan horizontal de projection. Le plan yOz est le plan frontal de projection. Le plan xOz est de profil, à 13 centimètres du bord gauche. L'axe Ox est orienté positivement vers le bas et l'axe Oz vers le haut.

Dans le plan de bout, (P) d'équation $z = y + \sqrt{2}$, on considère une hyperbole (C). Le centre de (C) est le point A de coordonnées $x = 15$, $y = 0$, $z = \sqrt{2}$. L'axe transverse de (C) est de bout et a pour longueur $2\sqrt{2}$. La projection horizontale de (C) est une hyperbole équilatère.

En tournant autour de la droite de bout de A, la courbe (C) engendre une surface (Q) et, en tournant autour de la verticale d'équation $x = 13$, $y = 0$, la courbe (C) engendre une surface (S).

1) Construire la méridienne horizontale de (Q) et la méridienne frontale de (S).

2) Déterminer les projections – horizontale et frontale – de l'intersection (G) des surfaces (S) et (Q). Point courant (noté m m') et tangente en ce point (notée mt mt'). Éléments remarquables.

3) Représenter la portion de la surface (S), mince et opaque, limitée aux plans horizontaux de cote 0 et 9 ($0 < z < 9$) et qui est située à l'extérieur de (Q) : on convient d'appeler extérieur de (Q) la région qui contient A.

4) Indiquer, dans une notice rédigée sur la partie droite de la feuille, les particularités rencontrées dans l'exécution de l'épure et les méthodes employées pour les résoudre. On pourra mettre quelques lettres sur l'épure pour faciliter les explications.

N. B. Les courbes ou portions de courbes, obtenues aux questions 1) et 2), qui n'interviennent pas dans la représentation demandée en 3) , seront tracées en rouge fort.

1955

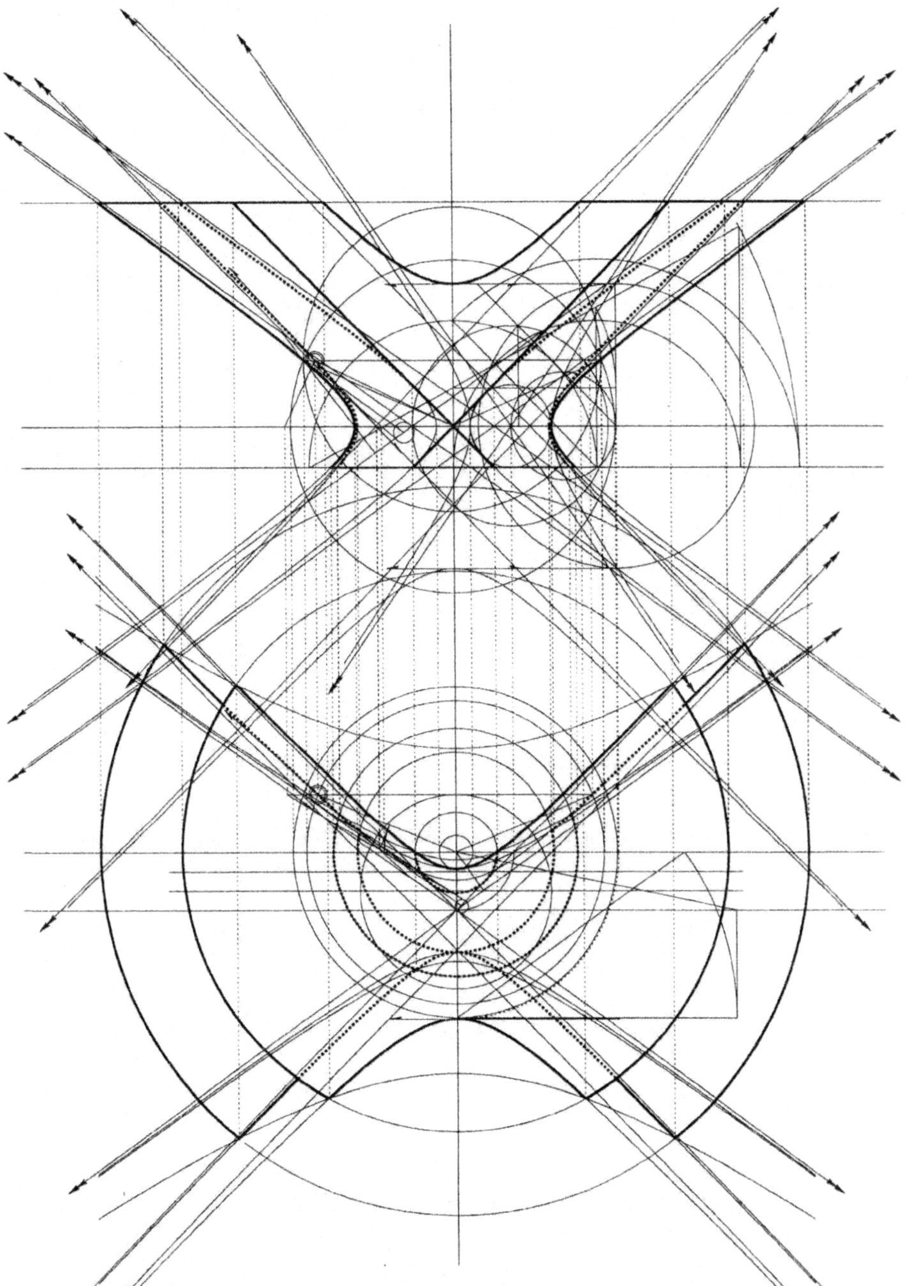

1954

Cône de révolution
et hyperboloïde de révolution

Les données sont en centimètres et sont rapportées à un système d'axes rectangulaires Oxyz. L'axe Oy est parallèle au bord inférieur de la feuille et à 22 de ce bord. Il est orienté positivement vers la droite. Le plan xOy est le plan horizontal de projection. Le plan yOz est le plan frontal de projection. Le plan xOz est de profil, à 10 du bord gauche. L'axe Ox est orienté positivement vers le bas et l'axe Oz vers le haut.

On appelle (H) l'hyperboloïde réglé de révolution, engendré par la droite (G), d'équations :

(G) $(x = 6 ; z - y = 4)$

en tournant autour de l'axe (Δ), d'équations

(Δ) $(x = 10 ; y = 0)$

On appelle (C) le cône de révolution, de sommet S

S $(x = 10 ; y = 4\sqrt{2} ; z = 8)$

dont l'axe (D) a pour paramètres directeurs 1, -1, 0, et dont le demi-angle au sommet est 45°.

1) Construire les projections (frontale et horizontale) de l'intersection (Γ) de (H) et de (C). Point courant et tangente en ce point. Éléments remarquables.

2) Représenter la portion de (H), supposé plein dans la région de son centre, qui est située à l'extérieur du cône (C) et qui est comprise entre les plans horizontaux de cote $z = 0$ et $z = 12$.

3) Tracer à l'encre bleue (ou en rouge fort) la projection frontale de la courbe (Γ_1) obtenue en faisant tourner (Γ) autour de (Δ) de l'angle – 45°, le sens positif de rotation dans le plan xOy étant celui qui amène Ox sur Oy. Déterminer les asymptotes de la projection frontale de (Γ_1).

4) Indiquer, dans une notice rédigée dans la partie droite de la feuille, les particularités rencontrées dans l'exécution de l'épure et les méthodes employées pour les résoudre. En particulier, on précisera la construction du point courant et de la tangente en ce point, des tangentes aux points de (Γ) et de (Γ_1) dont la cote est égale à 8 et la nature des branches infinies.

1954

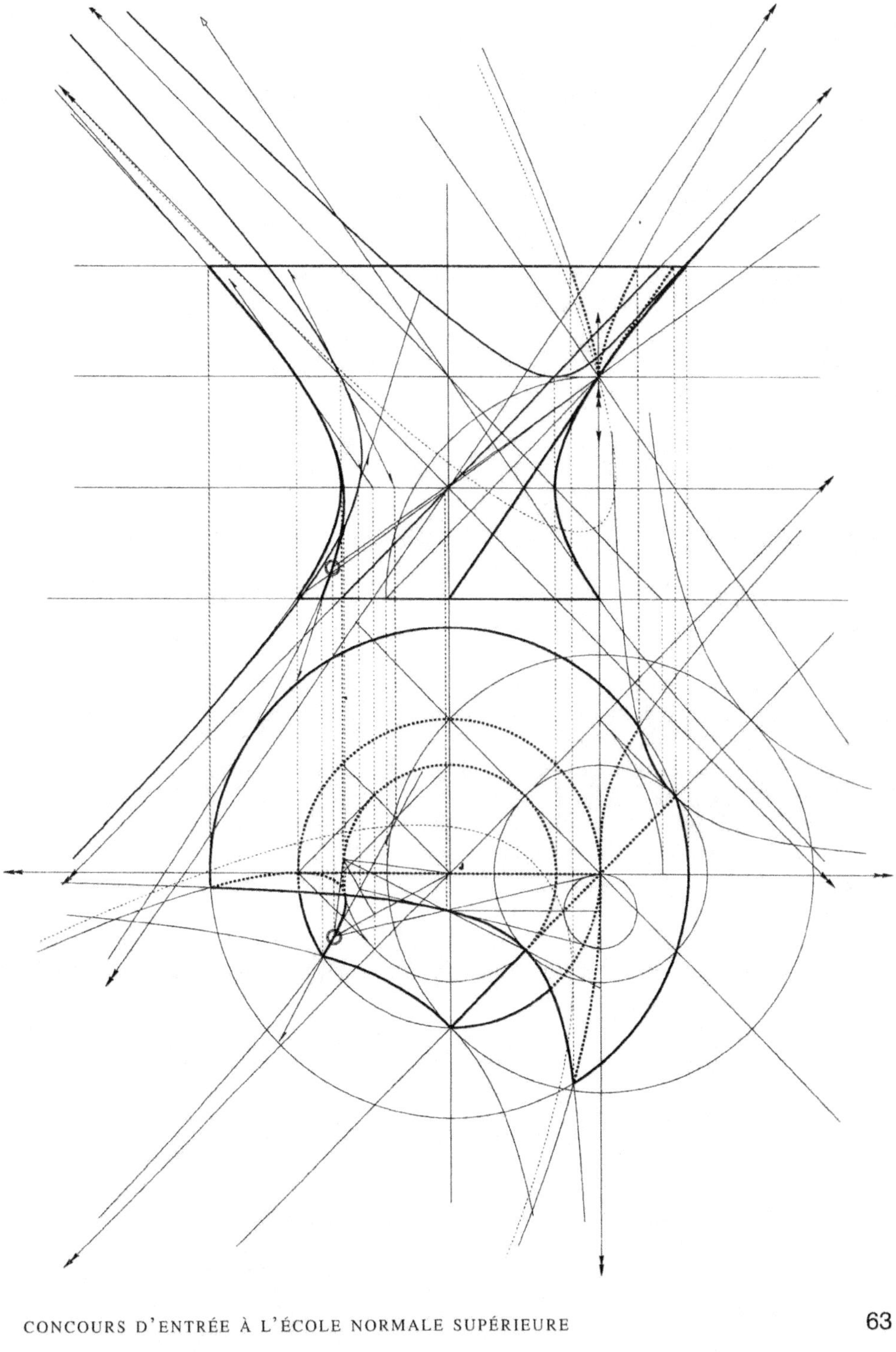

1953

Surface de révolution évidée par une sphère

Les données sont en centimètres et sont rapportées à un système d'axes rectangulaires Oxyz. L'axe Oy est parallèle au bord inférieur de la feuille et à 20 de ce bord inférieur. Il est orienté positivement vers la droite. Le plan xOy est le plan horizontal de projection. Le plan yOz est le plan frontal de projection. Le plan xOz est de profil à 14 du bord gauche; Ox est orienté positivement vers le bas et Oz vers le haut. On donne les points :

A ($x = 8$; $y = 4\sqrt{2}$; $z = 8$), B ($x= 8$; $y = 4\sqrt{2}$; $z = 16$),

C ($x = 8$; $y = 0$; $z = 8$), Ω ($x = 12$; $y = 4$; $z = 8$).

On désigne par (E) l'ellipse, de centre C, dont A et B sont les extrémités de deux diamètres conjugués.

1) Dans le plan frontal d'équation $x = 8$, l'ellipse (E), délimite, à son intérieur une portion de plan dont on ne conserve que la partie dont tous les points ont une ordonnée positive ou nulle. En tournant autour de la verticale du point C, cette partie (demi-ellipse) engendre un volume de révolution (T). Déterminer les contours apparents de (T) sur les plans yOz et xOy.

2) Construire les projections (horizontale et frontale) de l'intersection (G) de la zone limitant (T) avec la sphère (S) de centre Ω et de rayon 8. Point courant et tangente. Éléments remarquables.

3) Représenter ce qui reste du solide (T), plein et opaque, lorsqu'on enlève la partie de ce solide intérieure à la sphère.

4) Indiquer dans une notice rédigée dans la partie droite de la feuille, les particularités rencontrées dans l'exécution de l'épure et les méthodes employées pour les résoudre.

1953

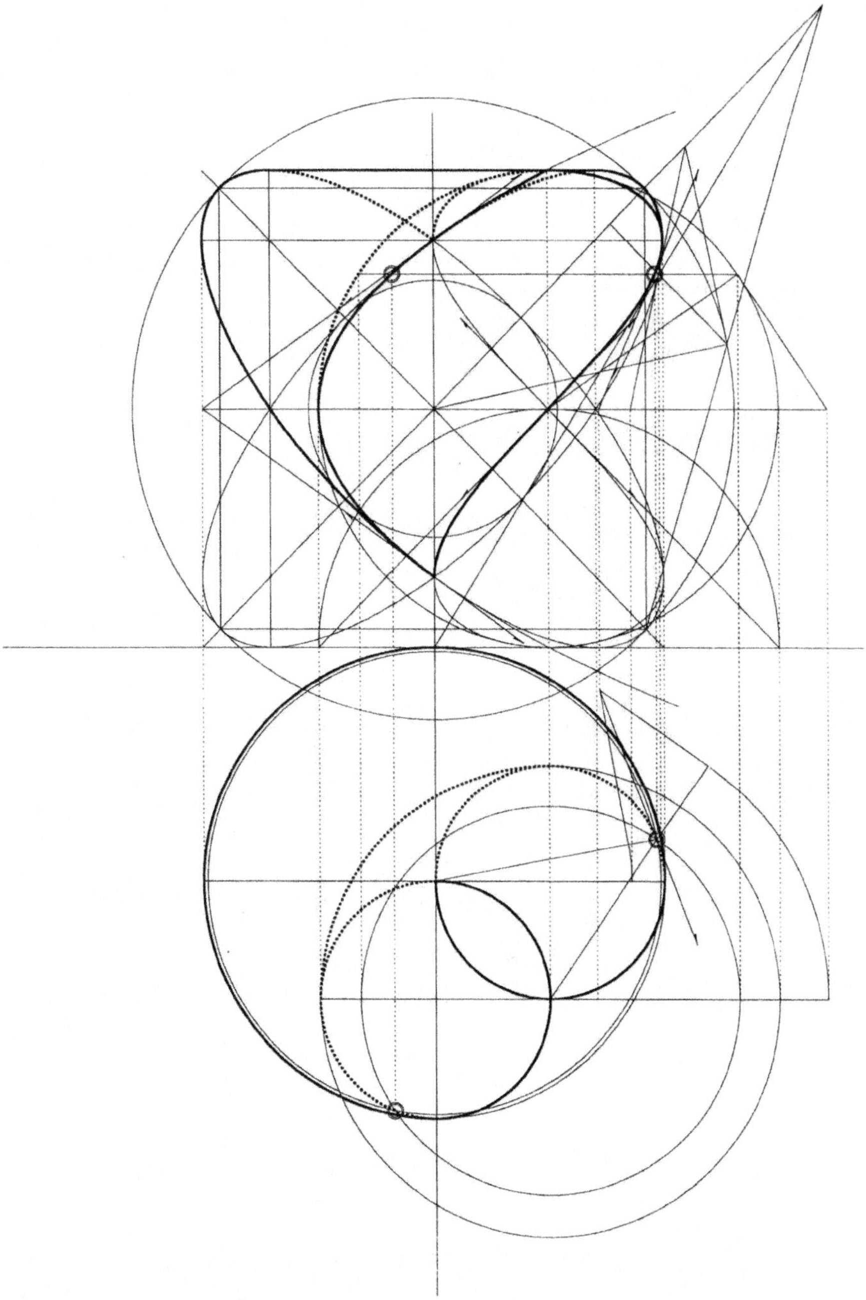

1952

Surface de révolution intérieure à un cône

Les données sont en centimètres et sont rapportées à un système d'axes rectangulaires Oxyz. L'axe Oy est parallèle au bord inférieur de la feuille et à 21 du bord inférieur. Il est orienté vers la droite; le plan xOy est le plan horizontal de projection. Le plan yOz est le plan frontal de projection. Le plan xOz est de profil à 15 du bord gauche de la feuille ; Ox est orienté positivement vers le bas et Oz vers le haut. On donne les points :

A (x = 0 ; y = 0 ; z = 15), B (x = 9 ; y = 3 ; z = 6),
C (x = 12 ; y = 0 ; z = 3), D (x = 9 ; y = - 9 ; z = 6).

En tournant autour de l'axe vertical (Δ) d'équation x = 9, y = 0, l'arc ABCD de parabole engendre une surface de révolution (P).

1) Déterminer les contours apparents de (P) sur les plans xOy et yOz.

2) On considère le cône (S) passant par le cercle (C) horizontal dont le centre est le point Ω de coordonnées x = 9, y = 0, z = 3 et dont le rayon est 3. Le sommet S de ce cône est dans le plan z = 0 et la droite SΩ a pour paramètres directeurs : 1, 1, $\sqrt{2}$. Construire l'intersection de (S) et de (P).

3) Représenter la portion de (P), surface mince et opaque située à l'intérieur du cône.

4) Indiquer dans une notice rédigée dans la partie droite de la feuille, les particularités rencontrées dans l'exécution de l'épure et les méthodes employées pour les résoudre.

1952

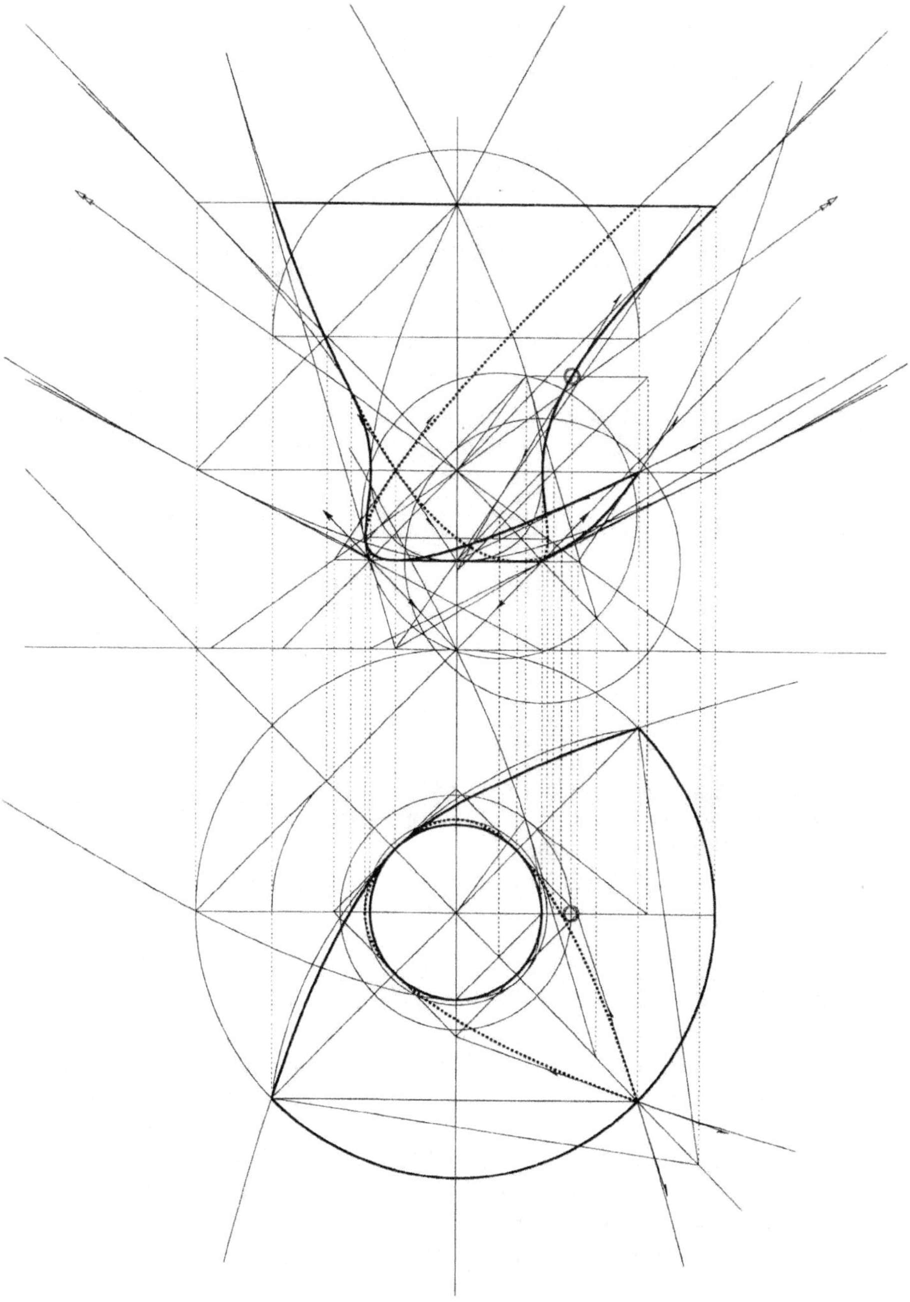

1951

Cylindre parabolique et cône

Les données sont en centimètres et sont rapportées à un système d'axes rectangulaires Oxyz. L'axe Oy est parallèle au bord inférieur de la feuille et à 23 du bord inférieur. Il est orienté vers la droite ; le plan xOy est le plan horizontal de projection. Le plan yOz est le plan frontal de projection. Le plan xOz est de profil suivant la parallèle au grand axe de la feuille ; Ox est orienté positivement vers le bas et Oz vers le haut.

Un cône (S) a pour sommet le point S($x = 12$; $y = 4$; $z = 8$). Sa trace sur le plan de front $x = 16$ est l'hyperbole (H) définie par ses asymptotes :

1) $x = 16$; $y = 8$; 2) $x = 16$; $2z - y = 16$

et le point A ($x = 16$; $y = 0$; $z = 16$).

Un cylindre (C), dont les génératrices ont pour paramètres directeurs (-1, 1, 1) a pour trace dans le plan horizontal $z = 4$ la parabole (P) définie par son foyer

F($x = 16$; $y = 0$; $z = 4$)

et son sommet

B($x = 16$; $y = - 2\sqrt{2}$; $z = 4$).

1) Déterminer les projections horizontale et frontale de l'intersection (L) de (S) et de (C). On construira un point courant noté (m m') sur l'épure, et la tangente en ce point. Étudier les éléments remarquables.
2) Représenter le solide commun au cône et au cylindre, supposés pleins, opaques et de même substance, en limitant ce solide aux portions satisfaisant aux inégalités

$x < 16$; $0 < z < 12$.

3) Déterminer l'ombre propre du solide obtenu éclairé par des rayons lumineux parallèles ayant la direction et le sens du vecteur de composantes (0, -1, 1).
4) Indiquer dans une notice sommaire, rédigée sur la partie gauche de la feuille (et non au verso), les particularités rencontrées dans l'exécution de l'épure et les méthodes employées pour les résoudre. On pourra mettre quelques lettres sur l'épure pour faciliter les explications.
NB : Les contours d'ombre seront tracés en bleu (plein ou pointillé selon le cas). Les parties vues et dans l'ombre seront recouvertes de hachures parallèles (équidistantes de 1.5 mm) à l'encre bleue ou au crayon noir.

1951

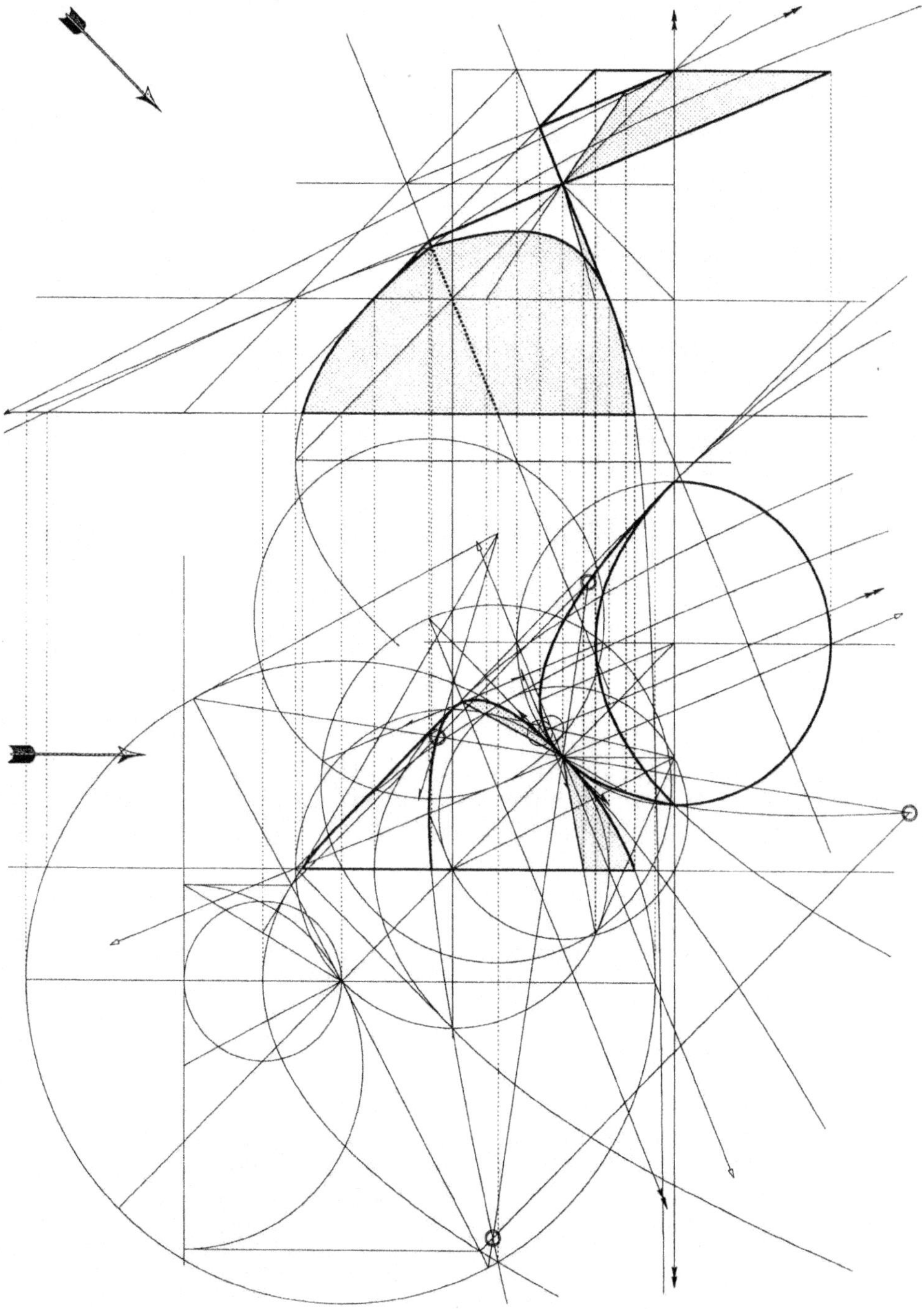

1950

Hyperboloïde et cône

Les données, exprimées en centimètres, sont rapportées à un système d'axes rectangulaires Ox, Oy, Oz. L'axe Oy est parallèle au petit axe de la feuille à 22 du bord inférieur; il est orienté vers la droite ; le plan xOy est le plan horizontal de projection ; le plan yOz est le plan frontal de projection ; le plan xOz est de profil suivant le grand axe de la feuille ; Ox est orienté positivement vers le bas et Oz vers le haut.

Un cône (S) a pour sommet le point S de coordonnées : $x = 6$; $y = 4$; $z = 4$. Sa trace sur le plan horizontal de projection est l'hyperbole équilatère de sommets

A($x = 14$; $y = -4$; $z = 0$) et B($x = 6$; $y = 4$; $z = 0$).

Un hyperboloïde réglé de révolution (H) a pour axe la droite (D) définie par les équations $x = 10$ et $z - y = 8$. L'une de ses génératrices est la verticale passant par A.

1) Construire les projections horizontale et frontale de l'intersection (L) de (S) et de (H).

2) En appelant intérieur du cône la région contenant les foyers de sa base dans le plan $z = 0$, représenter la portion de surface opaque de (H) intérieure au cône et satisfaisant aux inégalités :

$2z + y + 2 > 0$ et $2z + y - 20 < 0$.

3) Tracer en rouge fort la projection conique de (L_1) de (L) sur le plan $z = 6$ à partir du point :

C ($x = 10$; $y = -8$; $z = 0$).

4) Indiquer dans une notice sommaire rédigée dans les parties libres de la feuille, les particularités rencontrées dans l'exécution de l'épure et les méthodes employées pour les résoudre. Cette notice ne concernera pas la détermination du point courant ni de la tangente en ce point ; elle portera sur les éléments remarquables est essentiellement sur a) la nature de (L) ; b) la nature de (L_1) .

1950

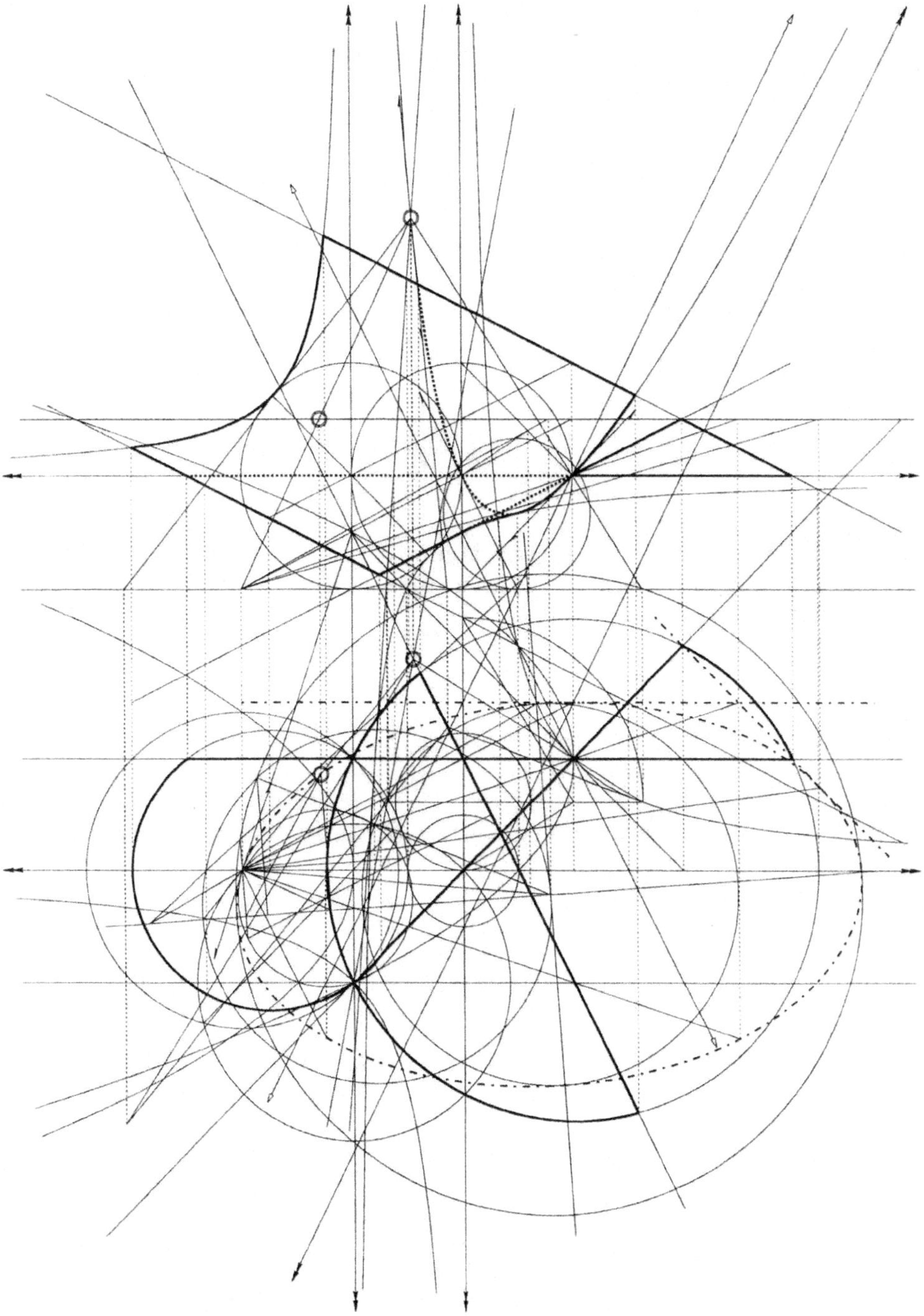

1949

Paraboloïde hyperbolique et cône du troisième degré

La ligne de terre Oy est le petit axe de la feuille.

Un paraboloïde hyperbolique (P) a un plan directeur horizontal et contient les deux droites :

D($x = 5$; $z - y = 10$) et Δ($x = 10$; $z + y = 0$).

1) Construire les projections de la courbe (C), lieu géométrique de la projection orthogonale M, sur une génératrice horizontale de (P), du point A(15/2, 10, 5).

2) Soit (S) le cône de sommet A et de directrice (C). Représenter la portion de la surface opaque de (S) située dans la région limitée par (P) et contenant A, et satisfaisant en outre aux inégalités :

$z > 0$; $y < 45/4$; $z - y < 10$.

1949

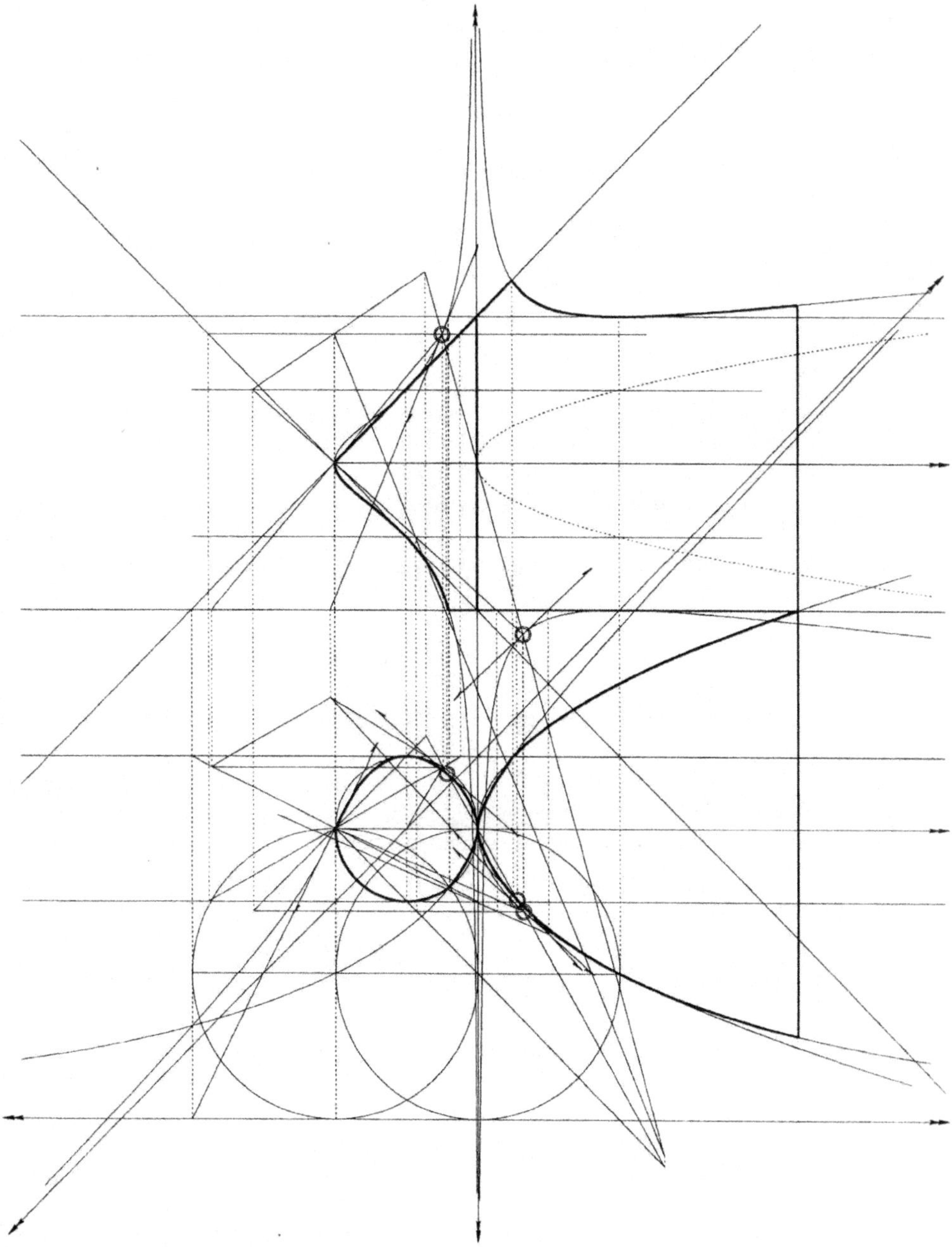

1948

Deux tores inverses l'un de l'autre

L'axe Oy est le petit axe de la feuille.

Un tore T a pour axe la droite D(x = 135 ; y = 0) et est engendré par la rotation, autour de D, du cercle C situé dans le plan x = 135, dont le centre est A(135, 75, 0) et dont le rayon est 60.

1) La surface T_1 inverse de T par l'inversion de centre I(135, 45, 0) et de puissance $k = 2.(45)^2$ est un second tore. Les cercles méridiens de chaque tore ont pour inverse les parallèles de l'autre. En particulier on étudiera les cercles inverses des cercles méridiens de T situés dans le plan frontal de son axe. Construire le tore T_1.

2) Construire les projections horizontale et frontale de l'intersection L de T et de T_1. On ne conserve de L que les points dont la cote est positive.

3) Représenter l'ensemble des deux corps T et T_1 supposés pleins, opaques, de même substance. T et T_1 sont pleins dans la région qui contient les centres des cercles générateurs et on ne considère que la portion de l'espace dont les points ont des cotes positives.

4) On considère le cône S de sommet B(135, 0, 0) et de directrice L. Tracer en rouge fort la trace de ce cône sur le plan d'un parallèle limite du tore T_1.

1948

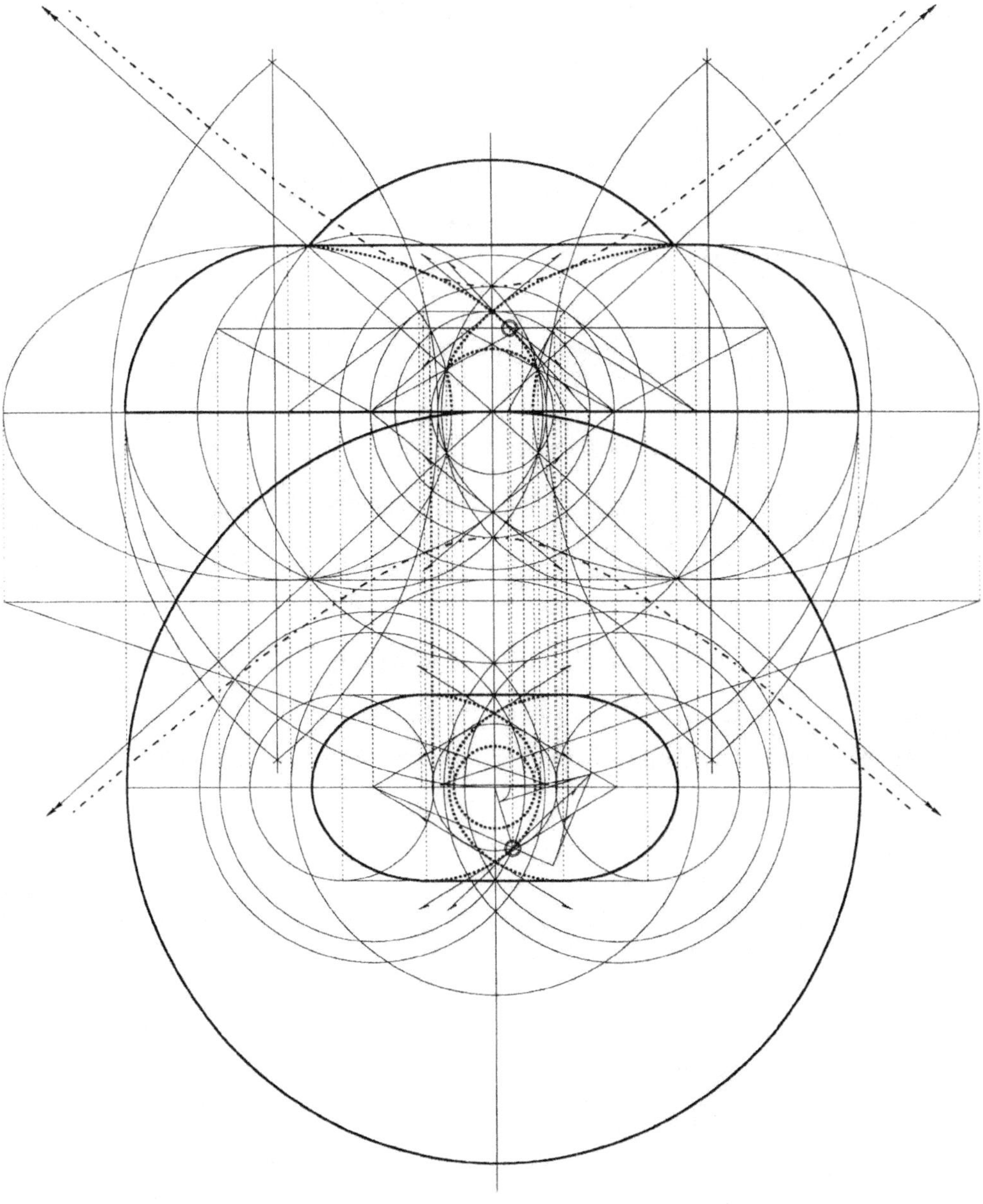

1947

Paraboloïde de révolution et hyperboloïde de Hachette

La ligne de terre Oy est le petit axe de la feuille.

Un paraboloïde de révolution (P) a pour axe $\Delta(x - 11 = 0 \; ; \; y - z + 4 = 0)$, pour sommet $S(11, 2, 6)$, et passe par $K(7, 3, 11)$.

Un hyperboloïde (H) est engendré par la droite commune à deux plans rectangulaires passant respectivement par Δ et par la droite $D(x - 7 = 0 \; ; \; y - 3 = 0)$.

1) Étudier la nature des sections de (H) par des plans horizontaux et déterminer les contours apparents frontaux de (H) et de(P).

2) On envisage un autre système de projection déduit du premier système par un changement de plan dit changement de plan horizontal. On prendra à cet effet, pour nouvelle ligne de terre, la droite qui, sur l'épure, est la perpendiculaire élevée en s' (projection frontale de S) à δ' (projection frontale de Δ).

On demande de déterminer par ses trois projections la courbe C commune à P et à H.

3) Représenter par ses trois projections le solide opaque intérieur à (P), situé dans la région limitée par (H) qui ne contient pas le centre de (H), et dans la région déterminée par l'inégalité :

$y + z < 20.$

1947

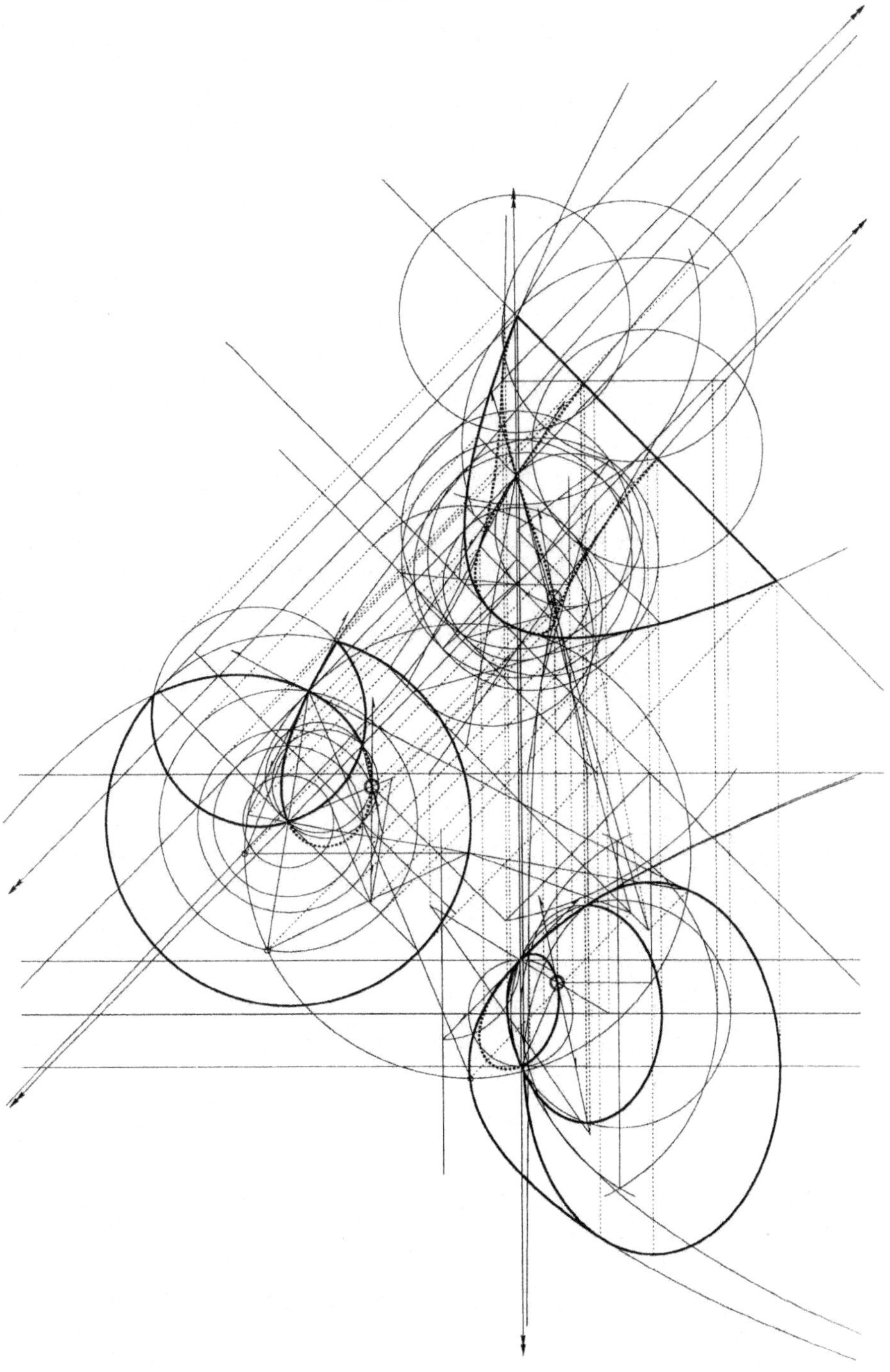

1946

Intersection d'un hyperboloïde de révolution et d'un cône

La ligne de terre Oy est le petit axe de la feuille ; xOz est à 10 cm à droite du grand axe.

Un horizontale D passe en A(7, 0, 7) et fait avec Oy l'angle (Oy, D) = $+\pi / 6$. Une parallèle G à Oy passe en B(7, 0, 10). Un hyperboloïde (H) est engendré par la rotation de G autour de D.

Un point C(y = -6 ; z = 2) a sa projection horizontale sur D; il est le centre d'une ellipse (C) dont B est le point le plus élevé et dont la projection horizontale est un cercle. Un cône (S) a pour sommet S(7, 6, 10) et pour directrice (C).

Représenter la portion d'espace solide et opaque, située à l'intérieur de (H) (région comprenant le centre), à l'intérieur de (S), entre le sommet S et le plan de profil du point C.

1946

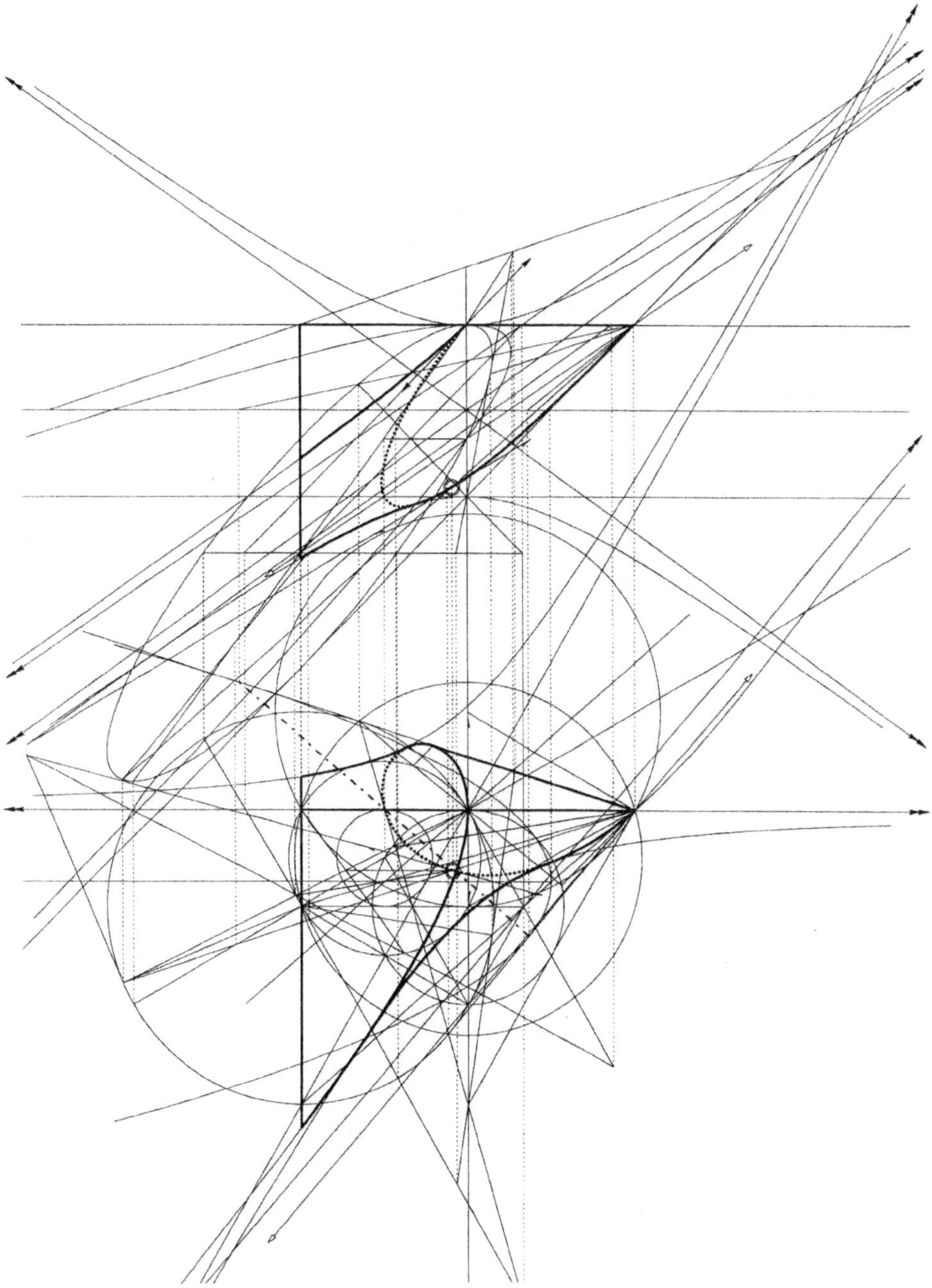

1945

Surface d'un ellipsoïde aplati extérieure à un cône

La ligne de terre Oy est le petit axe de la feuille ; xOz est à 8 centimètres à gauche du grand axe.

Une ellipse horizontale (E) a pour centre I(8, 0, 8), pour foyer F(8, 3, 8), pour sommet A(8, 6, 8).

Deux surfaces de révolution du second ordre (S_1) et (S_2) contiennent (E) et ont, respectivement, pour axes de révolution, les droites :

$D_1(y = 0 ; x - z = 3)$ et $D_2(x = 8 ; 2y + z = 5)$.

Représenter la partie Σ de la surface de (S_1), mince et opaque, extérieure à (S_2) par ses projections sur les plans z = 0, x = 0, y = 8, ce dernier plan étant rabattu, vers la droite sur le plan z = 0, et la projection correspondante étant ponctuée pour un observateur éloigné à l'infini dans le sens négatif de Oy.

On suppose de plus que Σ est éclairée par des rayons lumineux ayant la direction et le sens du vecteur (1, -2, -1).

Représenter sur les trois projections l'ombre propre et l'ombre auto-portée de la surface Σ ainsi éclairée.

1945

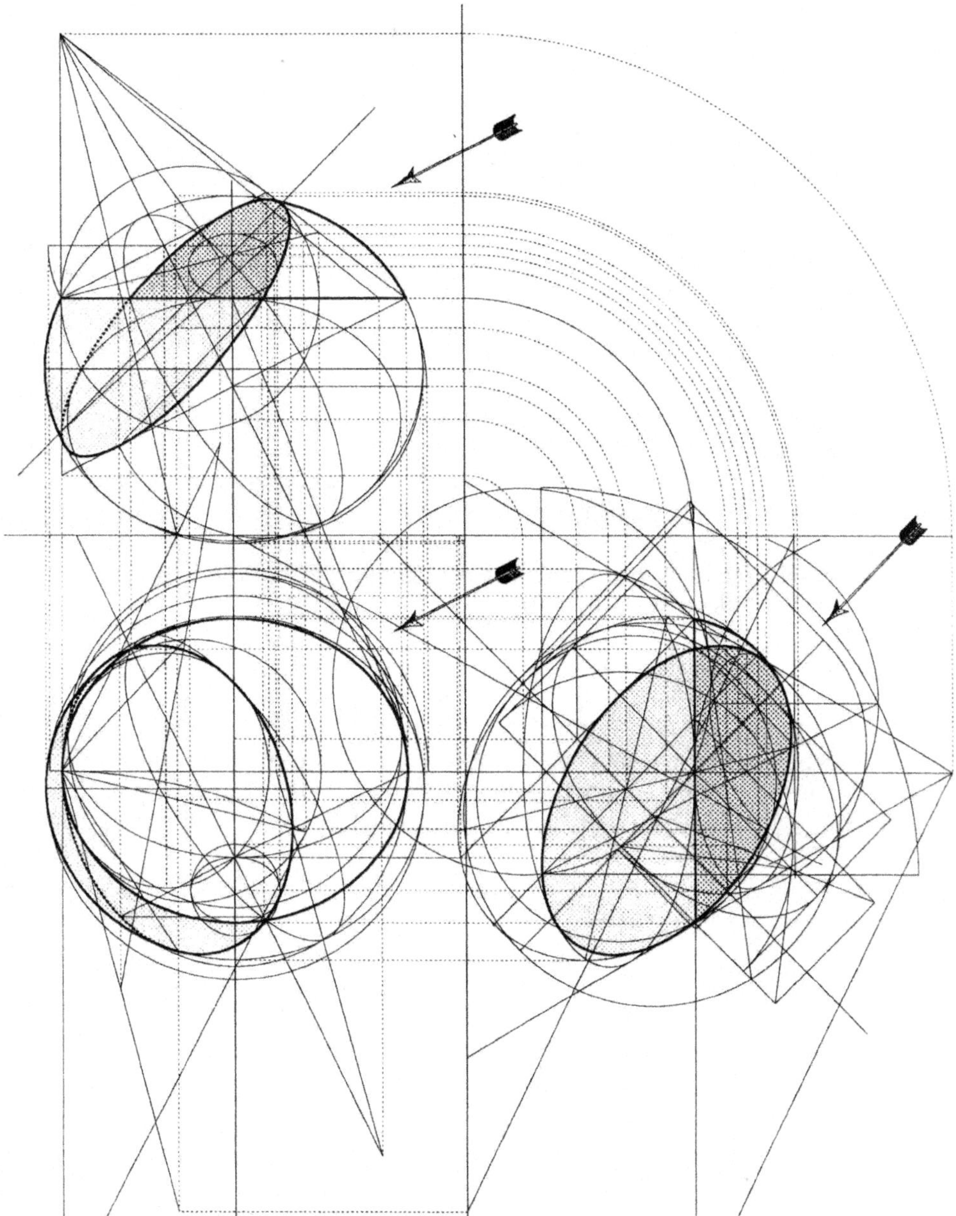

1944

Volume commun à un tore et à un cône

La ligne de terre Oy est à 4 centimètres au-dessus du petit axe de la feuille. Le plan frontal $x = 8$ étant le plan de symétrie de l'épure, on ne construira que la demi-figure en avant de ce plan.

On donne les points $A(8, -8, 4)$; $C(8, 0, 12)$; $\Omega(8, 0, 4)$.

Une sphère (S) a pour centre A et pour rayon 8.

Un cône (C) a pour sommet C ; sa directrice est une ellipse de centre Ω, située dans le plan de bout $2y + z = 4$ et dont la projection horizontale est un cercle de rayon 4.

1) Construire l'intersection Γ de (S) et de (C). On pourra en préciser d'abord les points remarquables de cote 4, 8 et 12.

2) Construire la méridienne frontale de la surface de révolution (Σ) engendrée par la rotation de Γ autour de la verticale $C\Omega$.

3) Soit (K) le cône ayant pour directrice la courbe Γ et pour sommet le point K le plus haut de la sphère (S). Construire la courbe Γ_1 qui complète l'intersection de (Σ) et de (K).

4) Représenter en trait noir la région de d'espace solide et opaque intérieure à la fois à (Σ) et à (K), en avant du plan de front $x = 8$.

1944

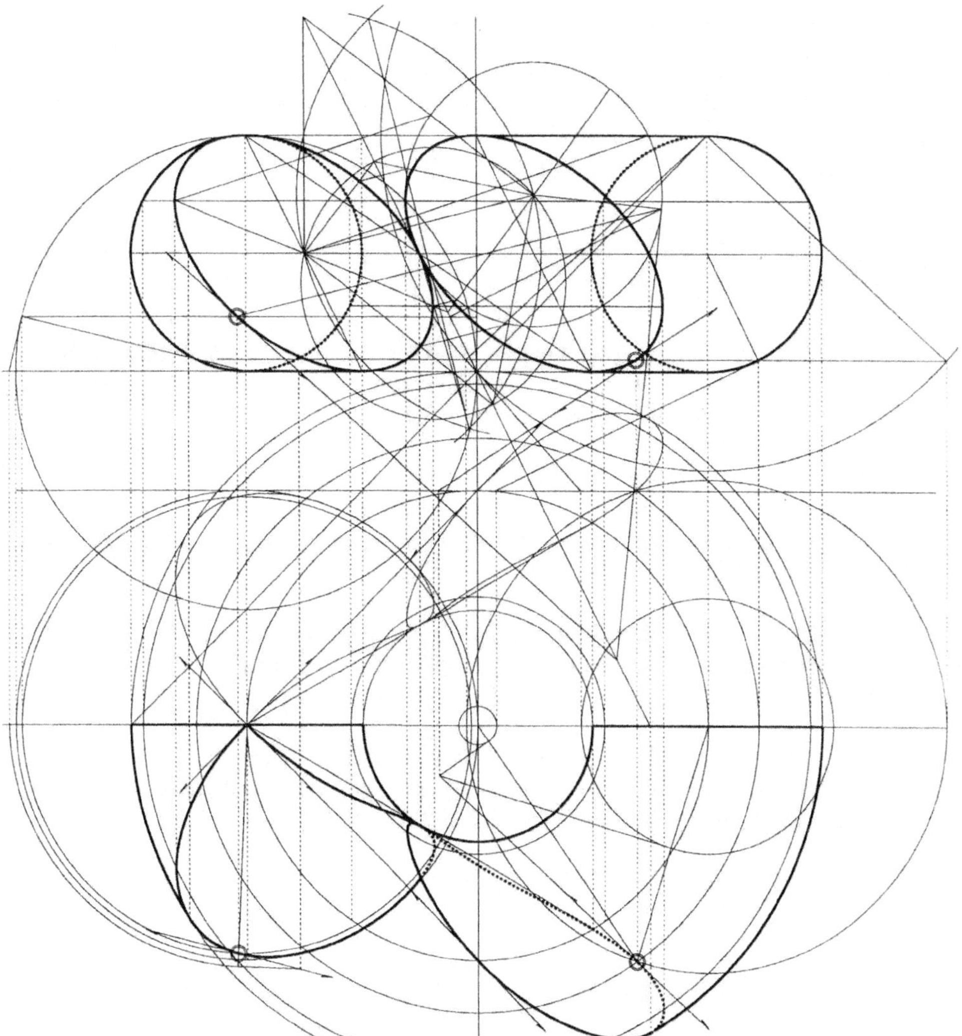

1943

Surface d'un cône entaillée par un hyperboloïde de révolution

L'unité de longueur est le millimètre. Le point O est à l'origine de trois axes rectangulaires : Ox, de bout, suivant le grand axe de la feuille ; Oy, la ligne de terre, à 60 au-dessus du petit axe de la feuille ; Oz, vertical.

On donne les points :

Ω(130, - 72, 126) ; S(130, 72, 90) ; A(130, - 48, 90) ;
B(130, 72, 0) ; C (130, 27, 45).

1) Une ellipse dans un plan de bout a pour sommet B, et pour centre C, pour projection horizontale un cercle. Elle est la directrice d'un cône (S) de sommet S. Construire la section du cône (S) par le plan z = 0.

2) Une hyperbole frontale a pour centre Ω, elle a une tangente horizontale en A et une asymptote verticale. Elle est la méridienne d'un hyperboloïde de révolution à une nappe (H). Construire les génératrices horizontales inférieures, verticales, frontales obliques de (H).

3) Construire l'intersection (Γ) des surfaces (S) et (H) . Représenter la portion de Σ de la surface mince opaque du cône (S) située au-dessus du plan z = 0, et extérieure à l'hyperboloïde (H), c'est à dire dans la région ne contenant pas le centre de (H).

4) La surface Σ est éclairée par des rayons lumineux descendants parallèles aux génératrices frontales obliques de (H). Construire son ombre propre et son ombre portée sur le plan z = 0 opaque.

1943

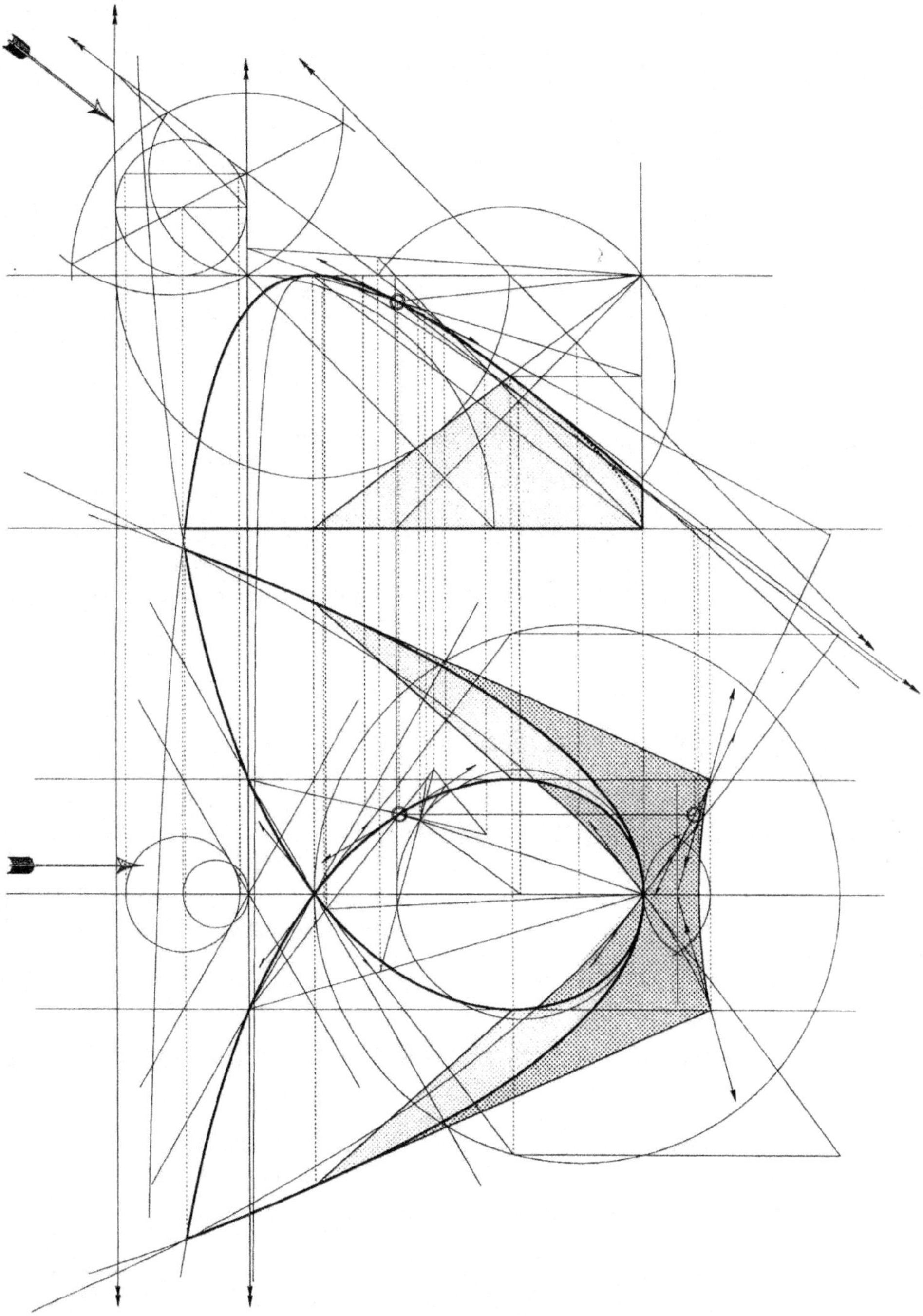

1942

Hyperboloïde de révolution entaillé par un cône

L'unité de longueur est le millimètre. Le point O, à 100 du bord gauche et à 215 du bord inférieur de la feuille, est à l'origine de trois axes rectangulaires : Ox, de bout, parallèle au grand axe de la feuille ; Oy, ligne de terre ; Oz, vertical.

On donne les droites A et G et le plan Π d'équations respectives

(A) $(x - 105) / 3 = y / 2 = (z - 25) / (-7)$;
(G) $(x - 105) / 2 = (y + 52) / (-3) = (z - 91) / 6$;
(Π) $3x + 2y - 13z = 0$

Un hyperboloïde de révolution (H) a pour axe A et pour génératrice (G). Par le point où G coupe le cercle de gorge, on mène le plan P parallèle à Π ; il coupe (H) suivant une conique C ; il coupe le plan du contour apparent horizontal de (H) suivant une droite D qui perce (H) en I et J ; soit I le point le plus en arrière et L la génératrice qui passe en I et est de même système que G.

Un cylindre (K) a pour génératrice L et pour base la conique symétrique de C par rapport à D. On construira :

1) L'intersection Γ des surfaces (H) et (K) ;

2) Les sections de ces surfaces par des plans parallèles à Π et passant, l'un P_1 par le point le plus bas, l'autre P_2 par le point le plus haut, de la courbe de contour apparent horizontal de (H).

Soient S le point où Γ rencontre le plan P_1 et (S) le cône de sommet S et de directrice Γ. Représenter le volume solide et opaque intérieur à (H), extérieur à (S) et compris entre les plans P_1 et P_2.

Déterminer l'ombre propre et l'ombre auto-portée de ce solide pour des rayons lumineux descendants parallèles à L. Les plans de projection sont supposés transparents.

1942

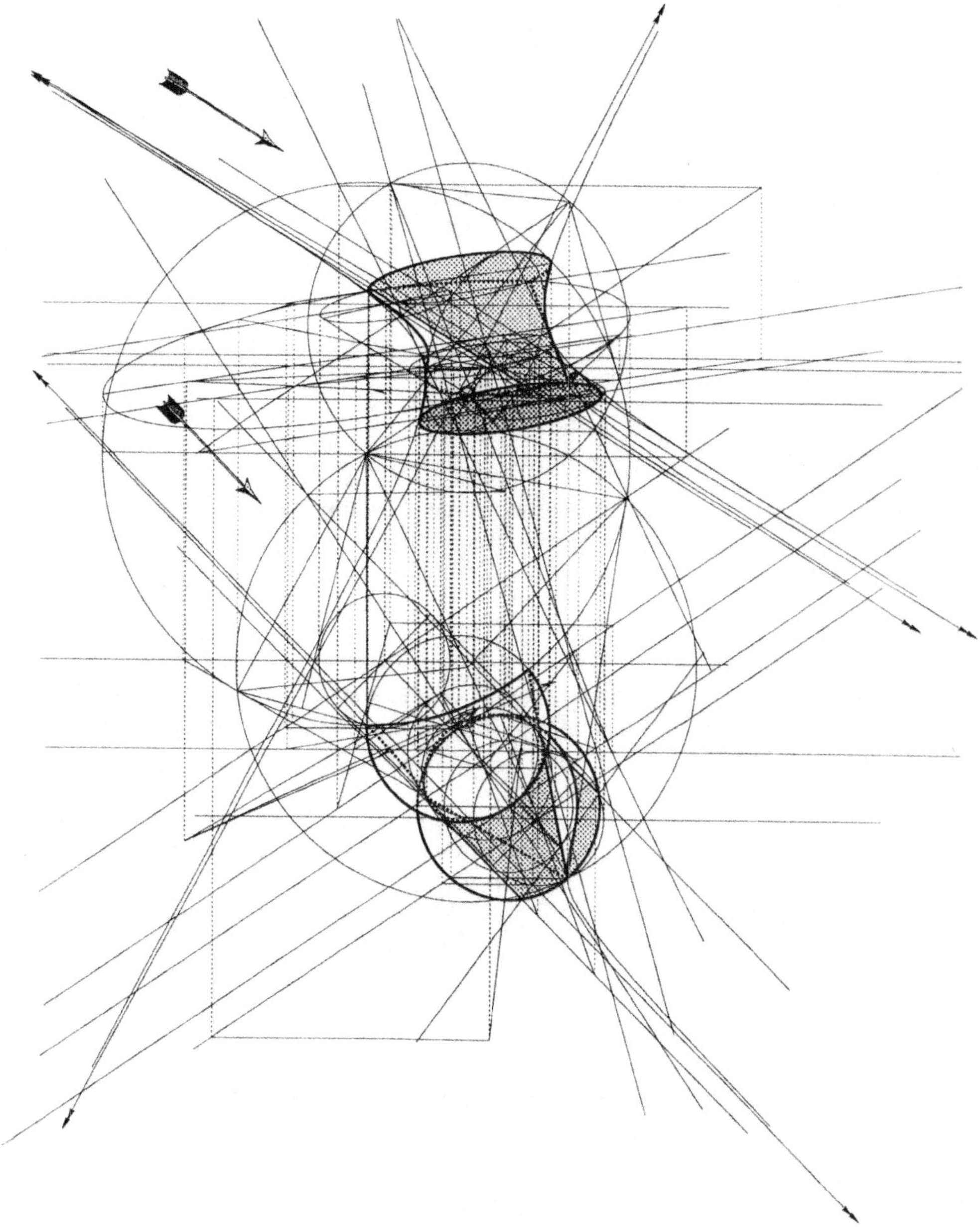

1941

Paraboloïde de révolution et surface de révolution du quatrième degré

L'unité de longueur est le millimètre. Le point O, à 100 du bord gauche et à 210 du bord inférieur de la feuille, est à l'origine de trois axes rectangulaires : Ox, de bout, parallèle au grand axe de la feuille ; Oy, ligne de terre ; Oz, vertical, orienté vers le haut.

On donne les points :

A (100, 0, 72) ; B (100, 12, 72) ; C (100, 24, 72) ;
D (96, 0, 72) ; E (60, 0, 72).

Une parabole P a son plan de front, B pour foyer, C pour sommet. Elle tourne autour de la verticale de A et engendre une surface de révolution (S). Une parabole P a son plan horizontal, D pour foyer, E pour sommet. Elle tourne autour de la droite de bout de A et engendre une quadrique de révolution (Σ).

1) Les surfaces (S) et (Σ) se coupent suivant une courbe réelle C dont on construira les deux projections.
Représenter le volume V, solide et opaque, intérieur à (Σ), compris entre les plans horizontaux de cote 0 et 144, situé par rapport à S dans la région que traverse la verticale de A.

2) On associe à la projection horizontale une projection frontale auxiliaire faite sur un plan de profil. On se borne aux demi-surfaces (S) et (Σ) situées au-dessus du plan horizontal de A ; les cotes relatives, mesurées à partir de ce plan horizontal, sont reportées à partir de la ligne de profil y = 100, à droite de celle-ci. Construire la nouvelle projection de la demi-courbe C conservée. Représenter la moitié supérieure du volume V défini en 1).

3) L'intersection des surfaces (S) et (Σ) donne en outre des branches parasites, lieux de points réels, projection de couples de points imaginaires conjugués dans l'espace. Déterminer géométriquement ces branches et les tracer à l'encre bleue.

1941

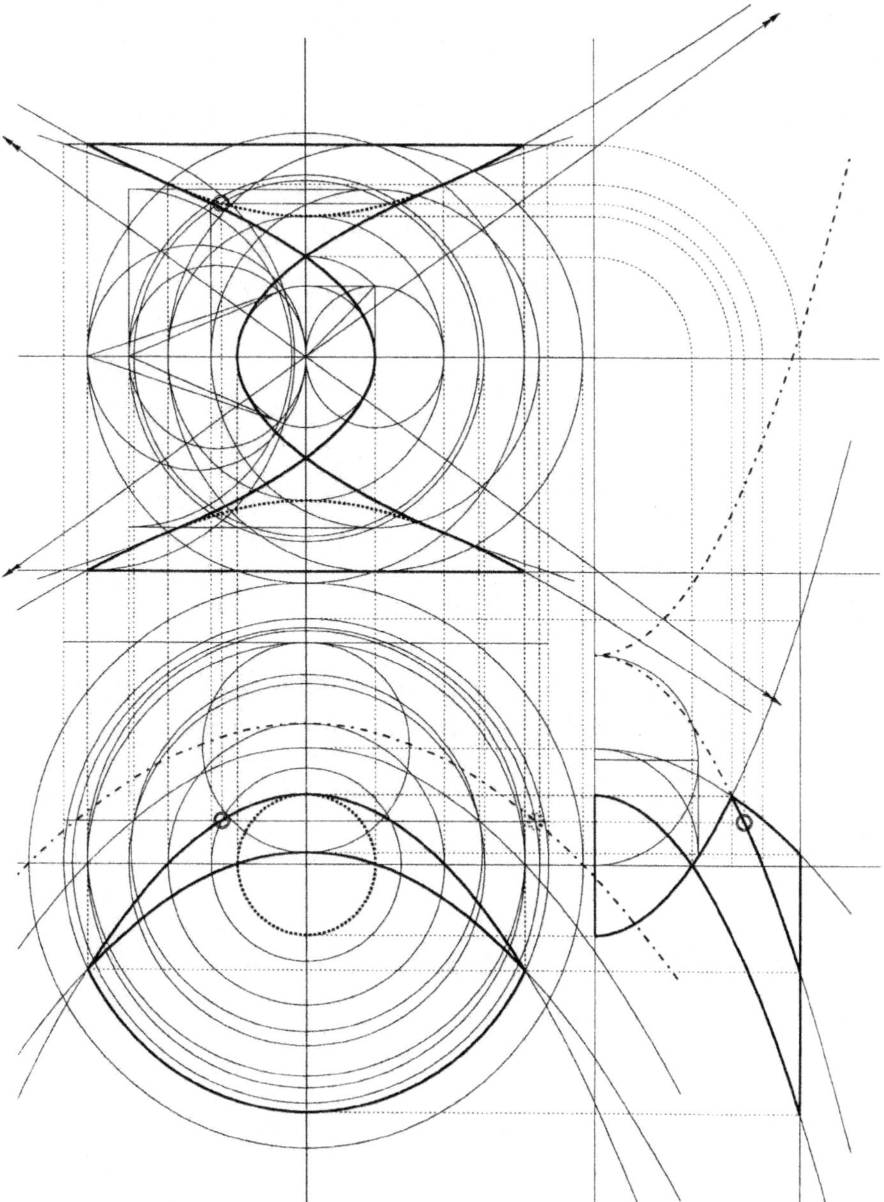

1940

Cylindre parabolique et cône ayant pour base une cardioïde

L'axe y'y est le petit axe de la feuille, les axes x'x et z'z sont situés 4 centimètres à gauche du grand axe de la feuille.

On donne les trois points F(7, 0, 7), A(7, -1, 7), S(7, 2, 9). On trace la parabole horizontale (P) de foyer F, de sommet A et la cardioïde (C), courbe inverse de (P) par rapport au point F, la puissance d'inversion étant 4.

Un cylindre dont les génératrices sont parallèles à la droite SF, a pour directrice la parabole (P). Un cône, de sommet S, a pour directrice la courbe (C).

1) Construire les projections de l'intersection du cylindre et du cône.

2) On suppose que les deux nappes du cône limitent un volume opaque; représenter la partie Σ de ce volume qui est intérieure au cylindre et qui est comprise entre les plans horizontaux de cotes 1 et 14.

3) Le solide Σ est éclairé par le point lumineux $L(7 + 3\sqrt{3}, -1, 5)$; dessiner en trait bleue, avec la ponctuation convenable, les lignes d'ombre propre sur la surface du solide Σ.

1940

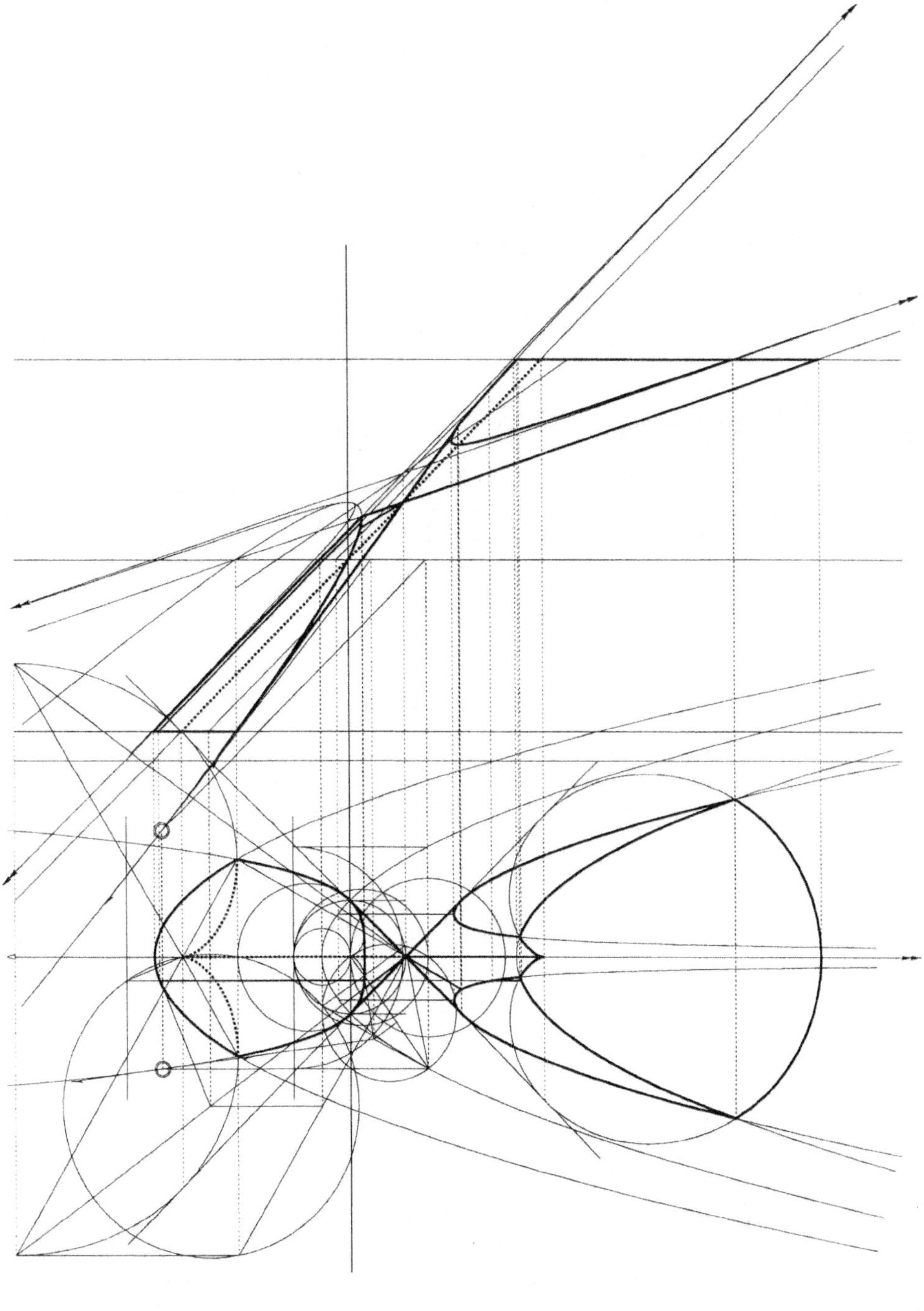

1939

Sphère entaillée par un cône

La ligne de terre y'y est le petit axe de la feuille.

On donne trois points A(15, 0, 12) ; B(15, 0, 0) ; S(18, 3, 12). On considère la sphère de diamètre AB et le cône de révolution de sommet S, tangent en A à la sphère et contenant la génératrice SB, A et B appartenant à la même nappe du cône.

1) Trouver l'intersection (Γ) de la sphère et du cône ;

2) Représenter la partie solide et opaque de la sphère extérieure au cône.

On démontrera que les tangentes au point double A de (Γ) sont rectangulaires.

1939

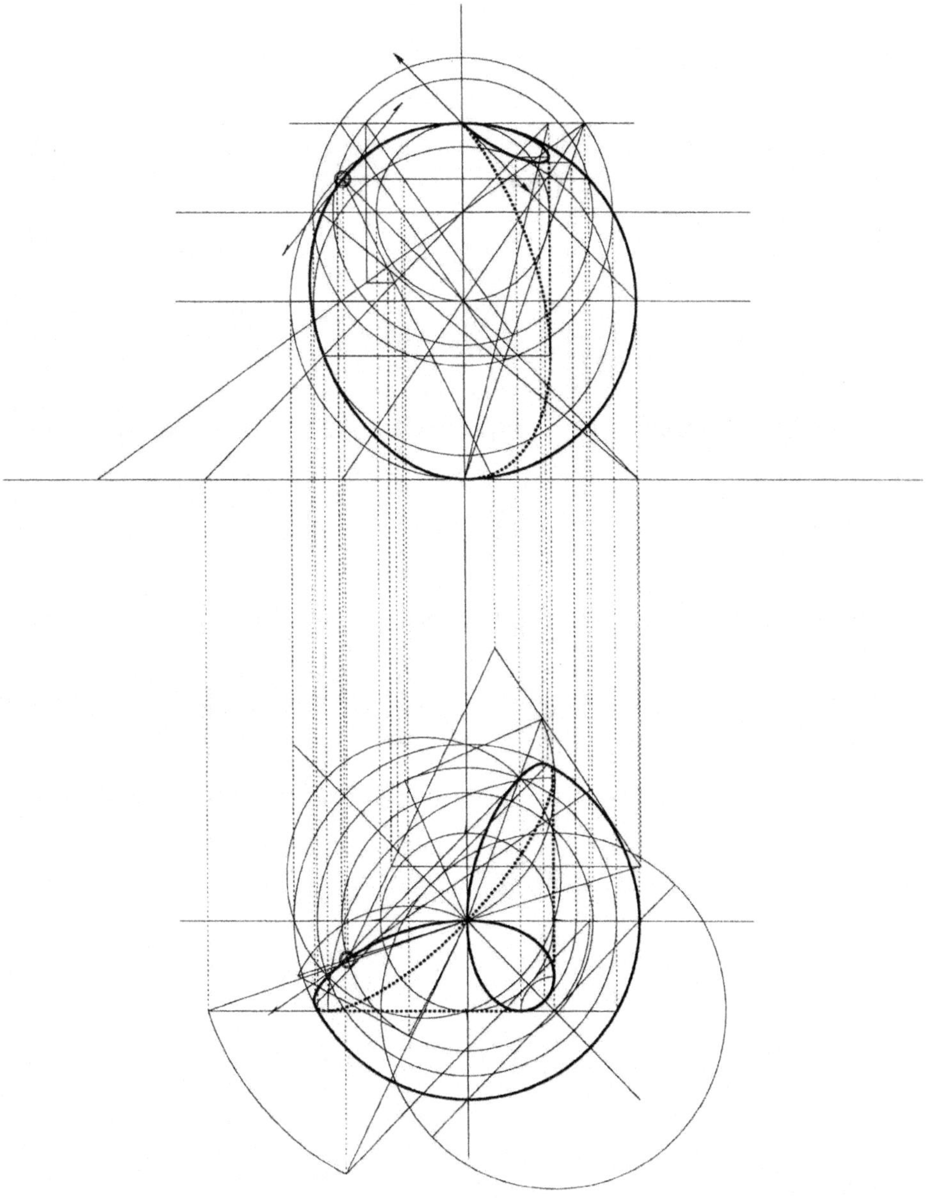

1938

Solide commun à deux cônes

La ligne de terre y'y est à 3 centimètres au-dessous du petit axe de la feuille et les axes x'x et z'z se projettent suivant une droite située à 3 centimètres à droite du grand axe de la feuille.

Dans le plan horizontal z = 10, on donne un cercle (C) de centre C(14, 0, 10) et de rayon 3, et un cercle égal (C_1) de centre C_1(11, 0, 10). On appelle A celui des points commun aux deux cercles qui est le plus à gauche et A_1 le point diamétralement opposé à A sur le cercle (C_1).

Soient S le point de cote 7 sur la verticale de A et S_1 celui de cote 13 sur la verticale de A_1. On considère le cône de sommet S, de directrice (C) et le cône de sommet S_1, de directrice (C_1).

1) Construire l'intersection (Γ) des deux cônes.

2) Représenter le solide supposé opaque formé par les points de l'espace intérieurs aux deux cônes et compris entre les plans z = 0 et z = 16.

3) Figurer en trait rouge fort la trace (Γ_1) sur le plan z = 10 du cône de directrice (Γ) ayant pour sommet le point le plus en avant de (Γ). Expliquer le résultat trouvé.

1938

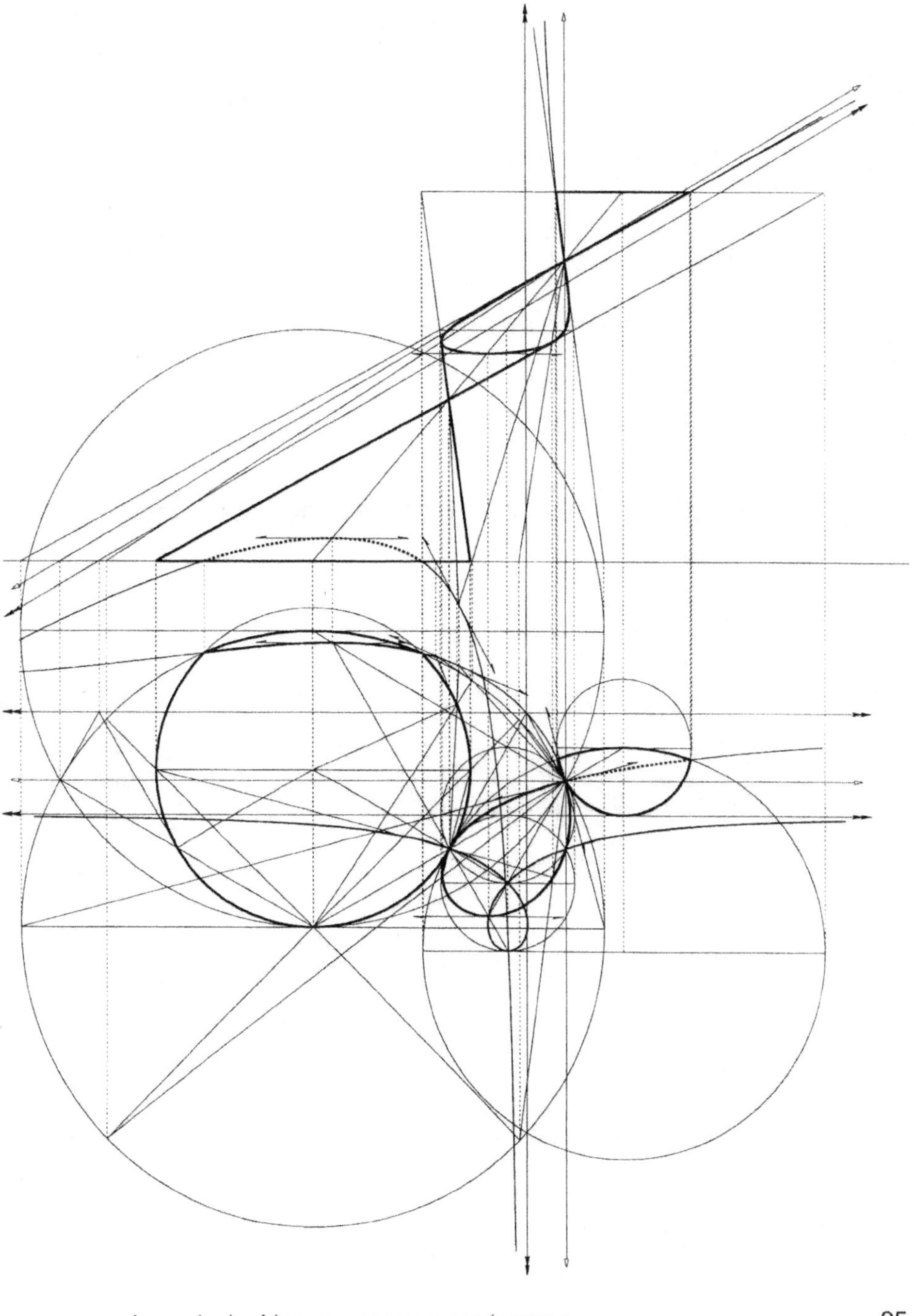

1937

Hyperboloïde de révolution entaillé par un paraboloïde hyperbolique

Les données sont exprimées en centimètres; elles sont rapportées à trois axes de coordonnées rectangulaires Ox, Oy, Oz. L'axe Oz, vertical, est parallèle aux grands cotés de la feuille et il est situé à 16 du bord gauche. L'axe Oy, qui coïncide avec la ligne de terre, est à 20 du bord inférieur de la feuille.

Trois droites Δ, D, D_1 sont définies par leurs équations :

$(\Delta)\ x + 2 = y + z = 11$; $(D)\ x = z - y = 11$; $(D_1)\ 2x + y = 2z = 22 + 2\sqrt{2}$

On considère, d'une part, l'hyperboloïde de révolution engendré par la verticale

$x = 11 ; y = 0$

tournant autour de Δ, et, d'autre part, le paraboloïde hyperbolique qui passe par les droites D, D_1 et admet pour plan directeur, le plan P, donné par l'équation

$y - 2z + 28 = 0$

1) Construire la partie de l'intersection de ces deux quadriques qui est située au dessous du plan P ; pour cela on utilisera des plans sécants parallèles à P.

2) On suppose solide et opaque la région de l'espace limitée par l'hyperboloïde qui contient le centre de cette surface. Représenter la partie de ce solide située en avant du paraboloïde et comprise entre le plan P et le plan parallèle P_1 qui coupe l'axe Oz au point de cote +1.

1937

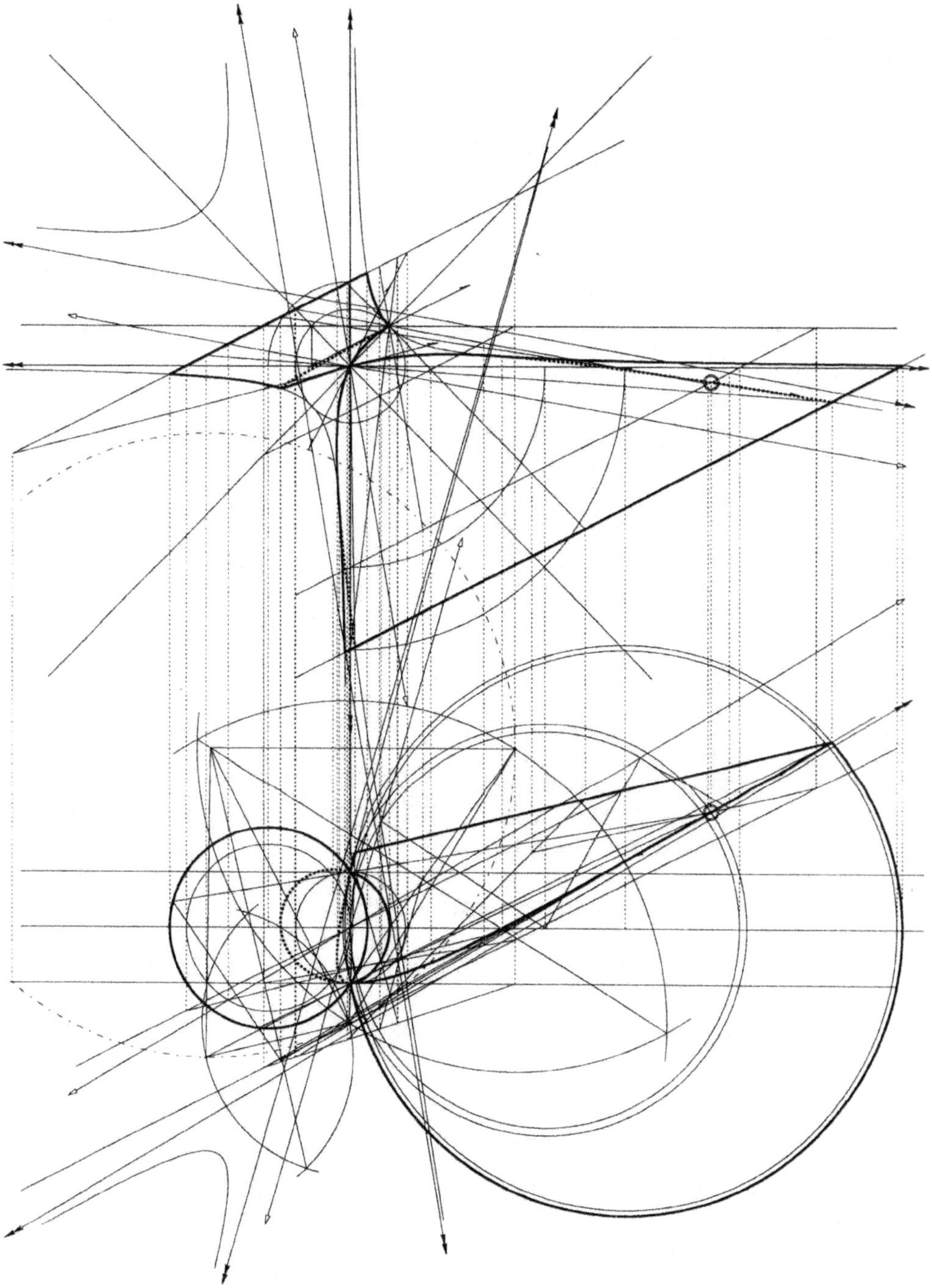

1936

Surface de révolution du quatrième degré entaillée par un cylindre

La ligne de terre Oy est le petit axe de la feuille.

Dans un plan parallèle au second bissecteur est située un ellipse E de centre

$\Omega(10, -4, 6)$

dont la projection horizontale est un cercle de rayon 4. En tournant autour de l'axe

$\Delta(x = 10 ; y = 0)$,

E engendre une surface (S).

Soit (C) le cylindre de révolution de rayon 4 dont l'axe est

$D(x + y = 10 + 4\sqrt{2} ; z = 6)$.

1) Construire la méridienne principale de (S).

2) Construire l'intersection de (S) et de (C).

3) Représenter le solide opaque formé par les points qui sont à la fois intérieurs à (S) et extérieurs à (C). [Les points intérieurs à (S) sont ceux qui sont situés, par rapport à cette surface, dans la même région que Ω].

1936

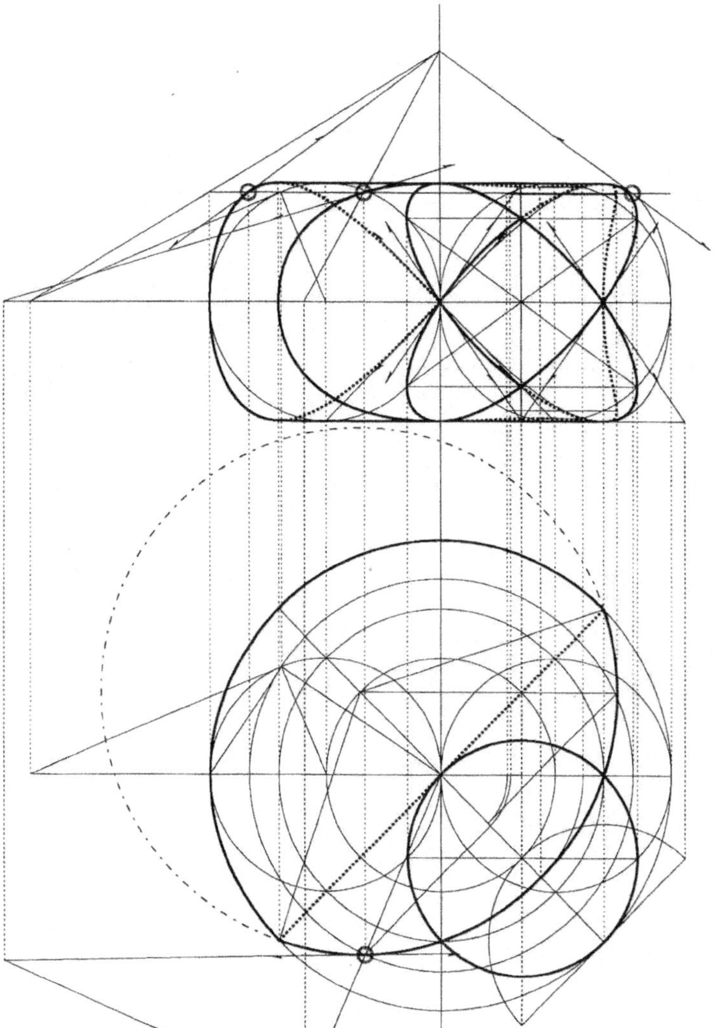

1935

Solide commun à un cône et à un cylindre parabolique

La ligne de terre y'y est le petit axe de la feuille.

Un cylindre dont les génératrices sont parallèles à la droite $x + y = 0$, $z = 0$ a pour directrice dans le plan $x = 12$ la parabole qui a pour sommet A(12, -8, 6), qui passe par le point S(12, 0, 10) et dont l'axe est parallèle à yy'.

Un cône dont les sections horizontales sont circulaires a pour sommet S et passe par A ; une de ses génératrices est verticale et le plan tangent le long de cette génératrice est parallèle aux génératrices du cylindre.

1) Représenter le solide formé par les points intérieurs au cône et au cylindre.

2) Représenter les ombres propres et les ombres portées par ce cylindre sur le plan $z = 0$ avec des rayons lumineux ayant la direction et le sens du vecteur (1, 1, -1). On représentera en particulier l'ombre portée par la courbe d'intersection.

1935

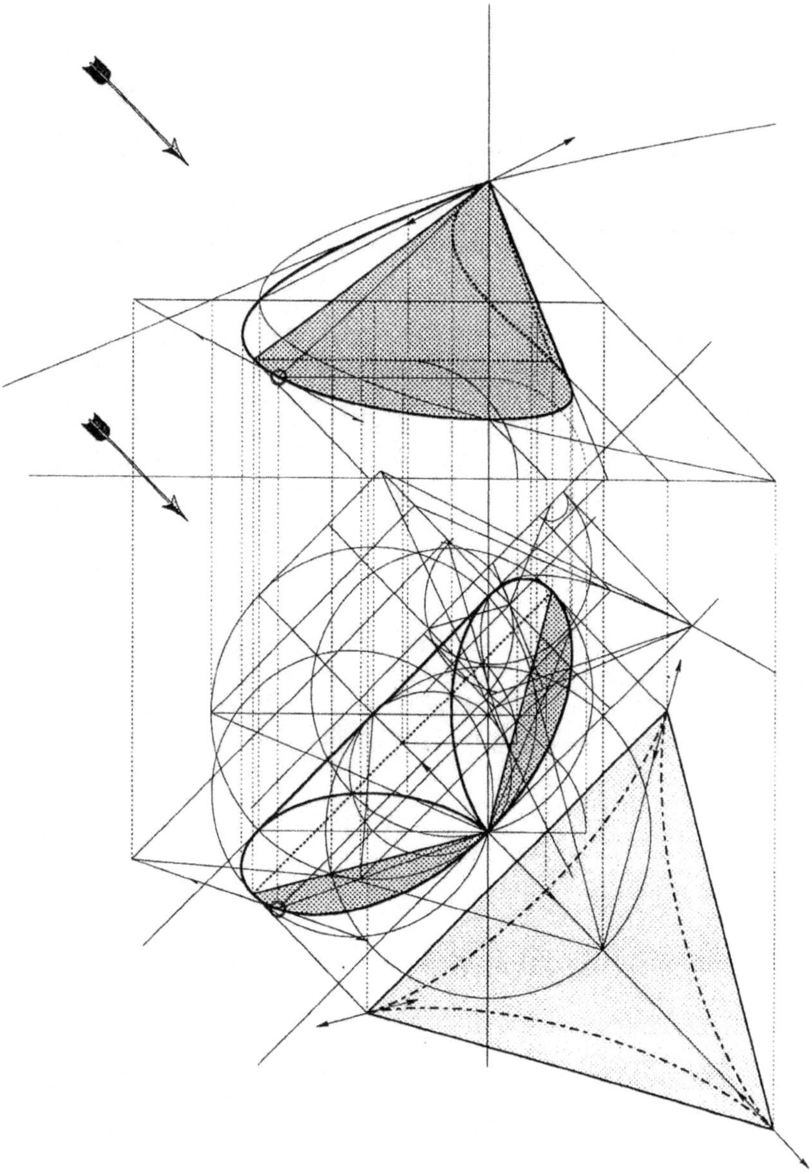

1934

Hyperboloïde et cône du quatrième degré

La ligne de terre est le petit axe de la feuille. L'unité de longueur est le millimètre.

Un hyperboloïde de révolution à une nappe a pour centre le point C(80, 0, 110) ; son axe de révolution D est vertical ; sa méridienne principale est une hyperbole équilatère dont le demi-axe transverse vaut 27.

Un ellipsoïde de révolution a pour axe de révolution D_1 la parallèle à la ligne de terre menée par C ; sa méridienne principale est une ellipse dont le centre C_1 a pour ordonnée 6, dont le demi axe horizontal vaut 33 et le demi axe vertical $33\sqrt{3}$.

1) Construire les projections de l'intersection G des deux quadriques.

2) On considère le cône dont la directrice est G et dont le sommet, situé sur D_1, a pour ordonnée 81. Construire la seconde courbe d'intersection du cône et de l'hyperboloïde.

3) L'hyperboloïde d'une part, et le cône d'autre part, limitent chacun un solide opaque. On suppose que les points de cote 100 et 120, situés sur D, appartiennent tous deux à l'un et à l'autre solide. Représenter la partie commune aux deux solides qui est au-dessous du plan horizontal de cote 146.

1934

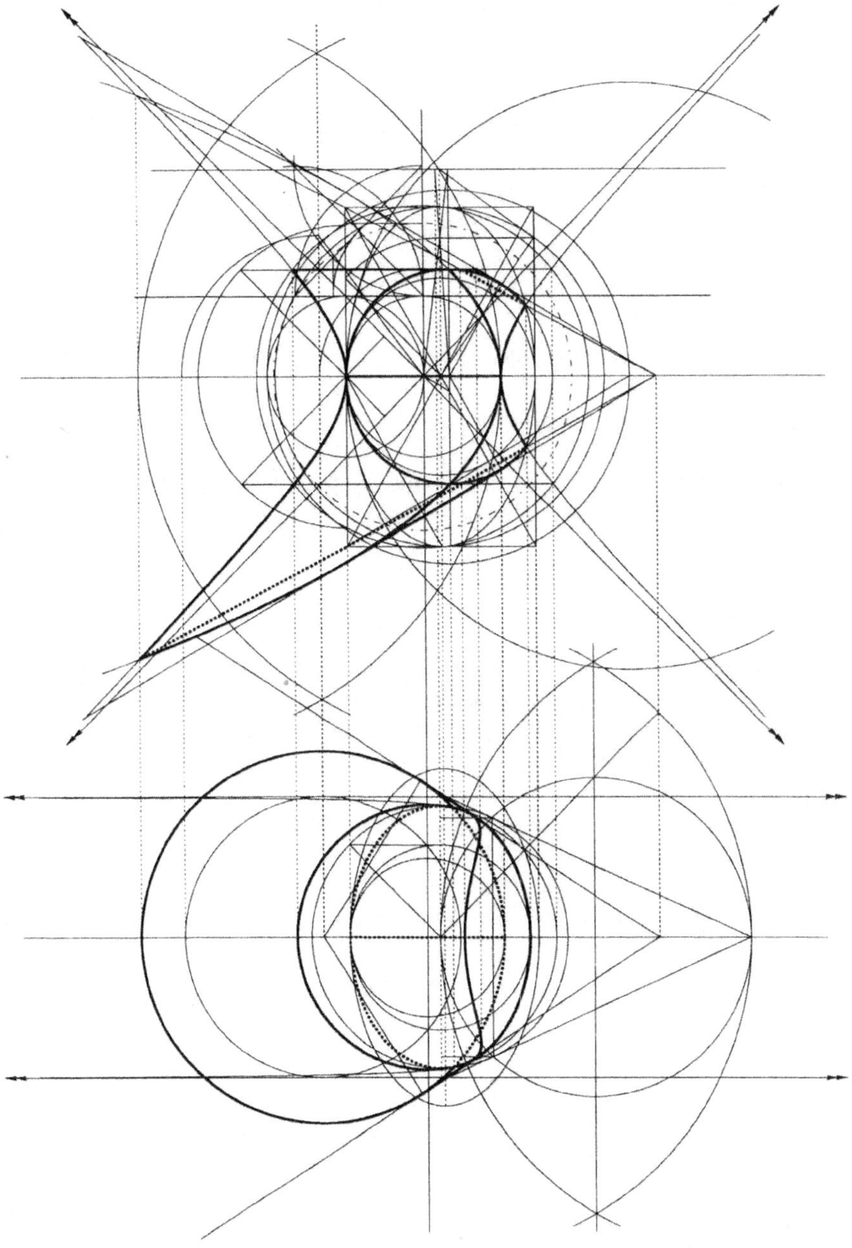

1933

Tore et surface de révolution du quatrième degré

Les données ont exprimées en centimètres. On donne trois axes de coordonnées rectangulaires Ox, Oy, Oz. L'axe Oz, vertical est dirigé suivant le grand axe de la feuille ; l'axe Oy, qui coïncide avec la ligne de terre, est à 26 du bord inférieur de la feuille.

Un cercle passe par les trois points :

A (x = 3 ; y = 0 ; z = 6) ; B (x = 13 ; y = 0 ; z = 6) ; C (x = 8 ; y = 4 ; z = 9).

Le cercle tournant autour de la verticale du point A engendre une surface (S) ; le même cercle, tournant autour de la verticale (x = 11 ; y = 0) engendre une surface (T).

1) Construire les méridiennes principales des surfaces (S) et (T).

2) Construire les projections de l'intersection de ces surfaces, ainsi qu'une projection de cette intersection sur un plan de profil (les courbes qui forment cette troisième projection seront tracées en trait rouge plein).

3) Représenter les projections du solide supposé opaque, constitué par l'ensemble des points, situés en avant du plan de front x = 3, qui sont à la fois intérieurs à la surface (S) et extérieurs à la surface (T).

Pour chacune des courbes représentées, on figurera les constructions nécessaires à la détermination du point courant et de la tangente en ce point, des points et des droites remarquables.

1933

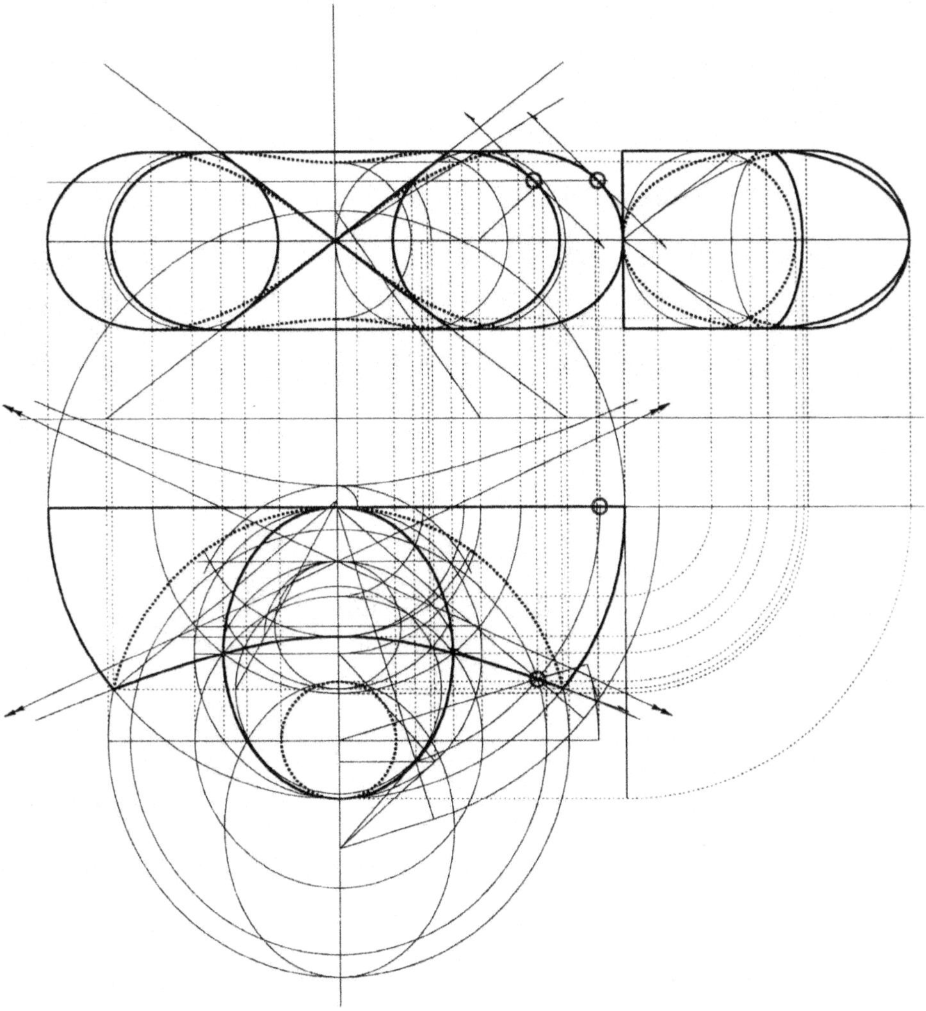

1932

Tore et cône du quatrième degré

La ligne de terre Oy est le petit axe de la feuille.

Le cercle frontal de centre Ω (2, 8, 6), de rayon 4, en tournant autour de l'axe D(x = 2 ; y = 0), engendre un tore (T).

Un cône (S) a pour sommet S(2, 0, 10), et pour base la section de (T) par le plan x = 6.

Représenter le solide commun à (T) et à (S), situé dans la région x > 2. (Le tore étant considéré comme un anneau solide, sa section par le plan x = 6 est une certaine aire limitée cette courbe ; on suppose que tous les points de cette aire font partie du cône solide).

1932

1931

Cône entaillé par un paraboloïde hyperbolique

La ligne de terre Oy est le petit axe de la feuille ; l'unité est le millimètre.

Une sphère (S) passe par le point A(40, 30, 22.5) qui est son point le plus en arrière; elle est en outre tangente à Ox en un point B.

Un cône (C), circonscrit à (S), contient la verticale de A, et passe par B.

Un paraboloïde hyperbolique (S) a un plan directeur frontal ; il contient Ox et la droite

D($x + y = 40$; $z = 100$).

(S) divise en deux parties la nappe supérieure de (C). Représenter la partie de la surface de cette nappe qui contient le sommet de (C) et qui est située en arrière du plan de front $x = 115$.

1931

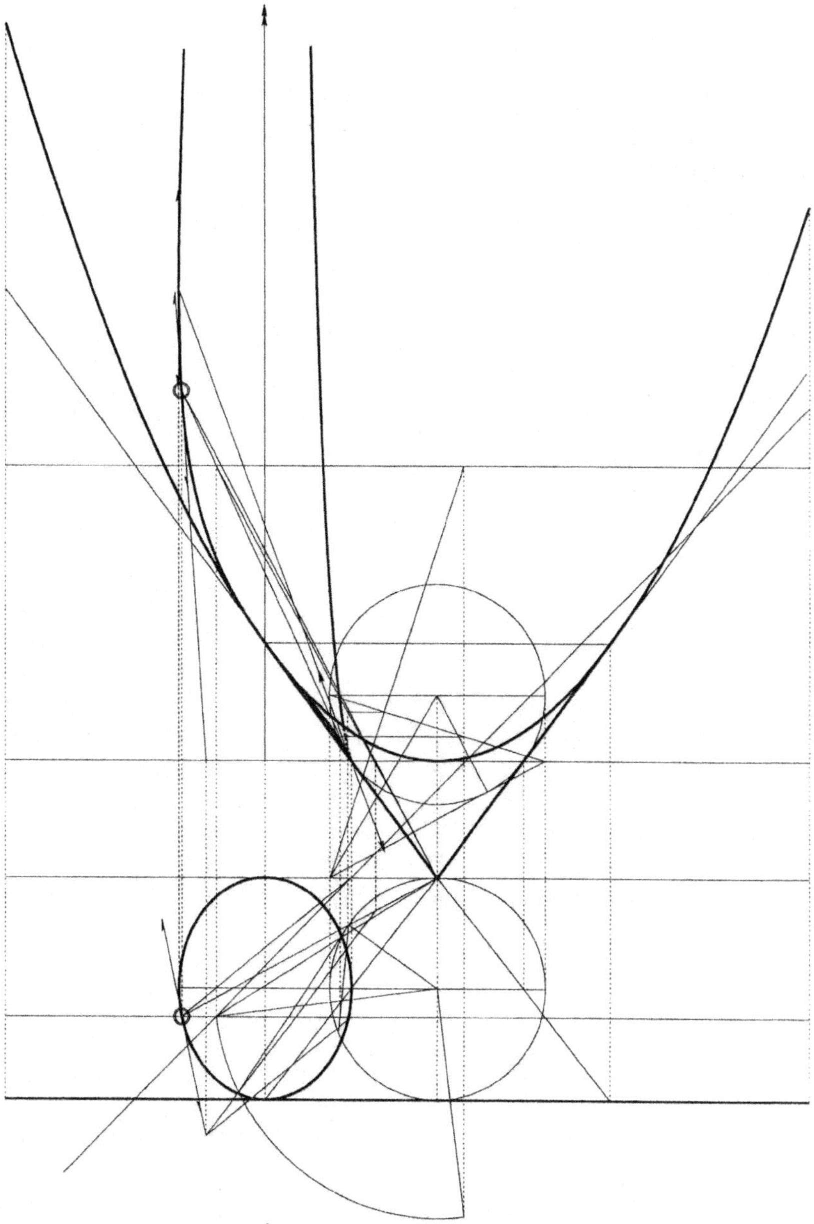

1930

Surface engendrée par les tangentes à une hélice, entaillée par un hyperboloïde

On donne trois axes de coordonnées rectangulaires Ox, Oy, Oz. L'axe Oz est dirigé suivant le grand axe de la feuille ; l'axe Oy qui coïncide avec la ligne de terre est dirigé suivant le petit axe de la feuille. Les données sont exprimées en millimètres.

Sur un cylindre de révolution de rayon 25, dont l'axe est la droite

(D) $(x = 90 ; y = -30)$,

est tracée une spire d'une hélice circulaire dont le pas est 140. Le point le plus bas de cette spire est le point le plus à gauche de la section du cylindre par le plan $z = 0$; son point le plus en avant, A, a pour cote 35.

On considère d'une part la surface (S) engendrée par les tangentes à la spire de l'hélice, et, d'autre part l'hyperboloïde engendré par la rotation de la tangente en A à l'hélice tournant autour de l'axe (D). Construire l'intersection de ces deux surfaces en la considérant comme le lieu du point de rencontre d'une génératrice quelconque de (S) avec l'hyperboloïde.

Représenter la partie de la surface (S) qui est comprise entre les plans horizontaux $z = 0$ et $z = 140$ et qui est située, par rapport à l'hyperboloïde, dans la région qui contient le centre de cet hyperboloïde.

Pour chacune des courbes tracées, on indiquera la construction du point courant et de la tangente en ce point, des points et des droites remarquables. Ces constructions seront sommairement expliquées dans une légende écrite à l'encre sur la feuille de l'épure. Pour faciliter les explications on pourra placer quelques lettres sur l'épure.

NB : Il est rappelé que le plan tangent en un point quelconque M de la surface engendrée par les tangentes (T) à une courbe gauche (C) est le même en tout point de la tangente (T) qui passe par M, et qu'il coïncide avec le plan osculateur à (C) au point de contact de cette tangente (T).

1930

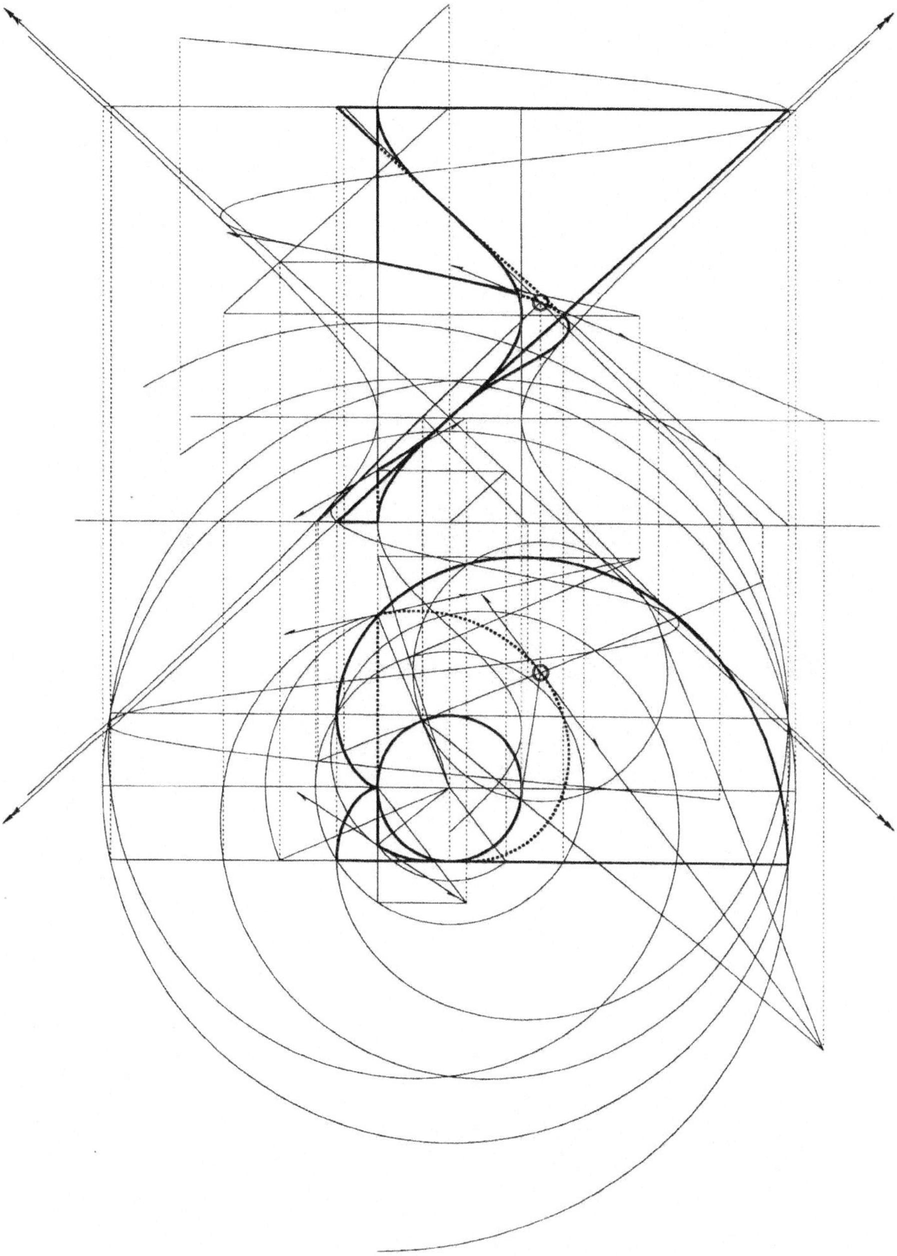

1929

Paraboloïde hyperbolique et hyperboloïde de révolution

La ligne de terre yy' est le petit axe de la feuille, l'axe xOz est à 3 centimètres à gauche du grand axe.

On donne les quatre points

A(12, 0, 9) ; B(12, -2, 10) ; C(6, 0, 12) ; D(12, 2, 11).

On considère le paraboloïde hyperbolique P qui contient les droites AB, BC, CD, DA et la surface H engendrée par la rotation de la verticale du point A autour de la frontale D ($x = 9$; $y + z = 9$).

Déterminer les projections de l'intersection de P et de H et représenter la partie de la surface de P qui est située, par rapport à H, dans la région qui ne renferme pas le centre de H.

La surface à représenter étant illimitée, on considérera les plans de projection comme transparents, et on ne se préoccupera pas de leurs intersections avec la surface.

1929

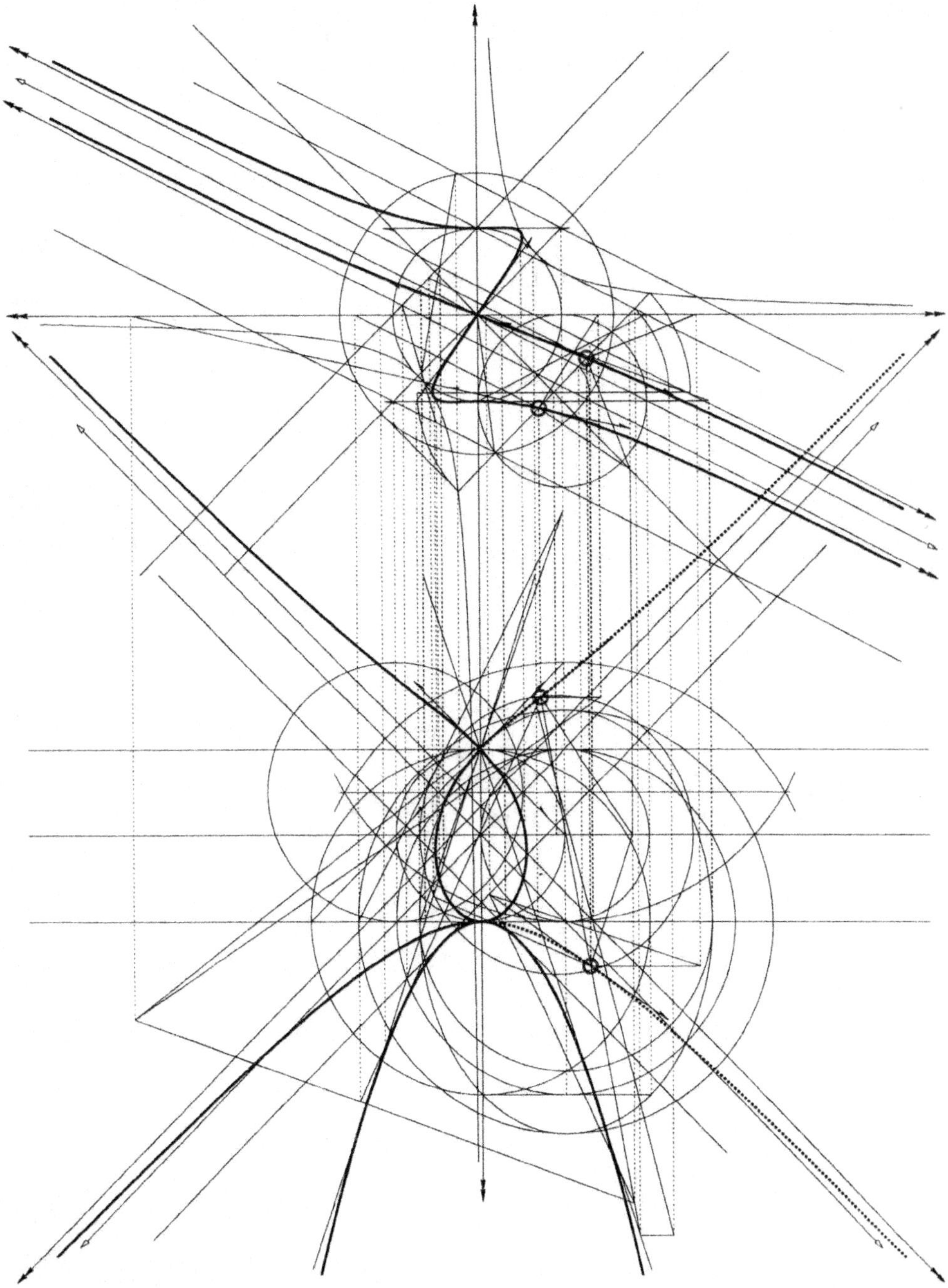

1928

Tore et surface de révolution du quatrième degré

La ligne de terre Oy est le petit axe de la feuille. On donne les points :

A(11, 0, 9) ; B(19, 4, 5) ; C(11, 5, 14).

Le cercle G, passant par A et B et tangent en A à AC engendre, en tournant successivement autour de la verticale de A et de la droite AC, deux surfaces de révolution (S) et (T).

1) Construire la méridienne principale de la surface (S).

2) Construire les projections de la ligne commune à (S) et à (T)

3) Représenter la partie de la surface (S) intérieure à (T).

1928

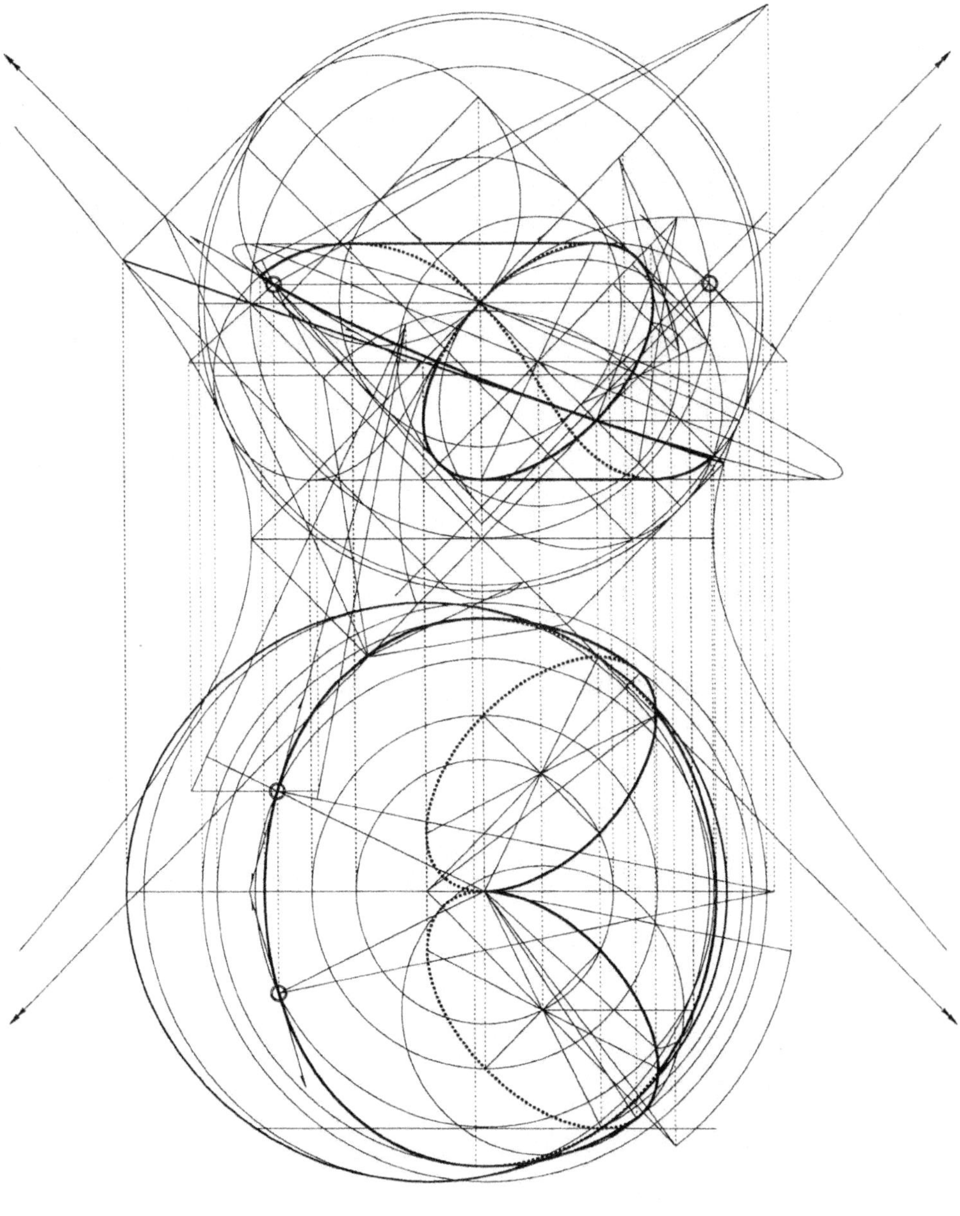

1927

Paraboloïde de révolution, cône et hyperboloïde de révolution

La ligne de terre est le petit axe de la feuille.

On considère les points A(11, 0, 14) et b(11, 8, 0). Un cercle horizontal a pour diamètre le segment *ab* (*a* est la projection horizontale de A) ; soit *c* le point de ce cercle, en avant de *ab*, tel que l'arc *ac* mesure 1/6 de la circonférence ; soit *d* le point diamétralement opposé à *c*.

On considère le contour G situé dans le plan de bout des points A et *b* et dont la projection horizontale est formée : 1) de l'arc *ac* ; 2) du segment *cb* ; 3) de l'arc *bd* ; 4) du segment *da*.

1) Construire la méridienne frontale de la surface de révolution engendrée G, en tournant autour de la verticale de A.

2) En tournant autour du même axe, l'aire plane intérieure au contour G engendre un volume dont on enlève la partie située en avant du plan déterminé par les trois points A, *b, c*.

Représenter les projections du solide restant supposé opaque.

1927

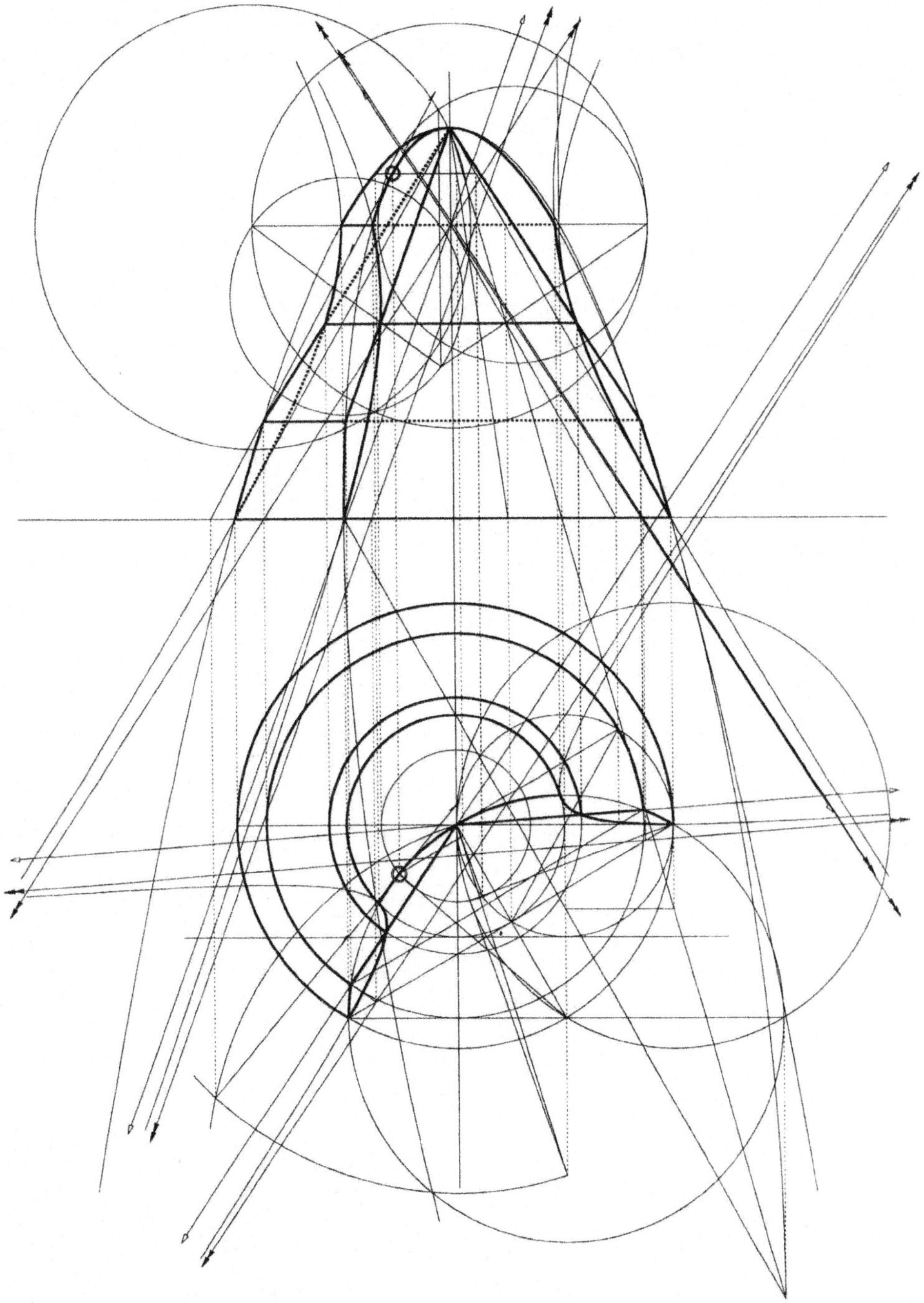

1926

Paraboloïde hyperbolique et cône

La ligne de terre yy' est le petit axe de la feuille.

On donne les points A(15, -3, 6) ; B(9, -3, 6) ; C(9, -3, 12) ; D(9, 3, 6).

Un paraboloïde hyperbolique P contient les droites AB et CD ; l'un de ses plans directeurs est le second bissecteur.

Un cône C de sommet A a pour base dans le plan x = 9 le cercle décrit sur BD comme diamètre ; on considérera les deux nappes illimitées du cône.

1) Intersection de P et de C.

2) Représenter la partie de la surface de P qui est intérieure à C et qui est située dans le premier dièdre.

1926

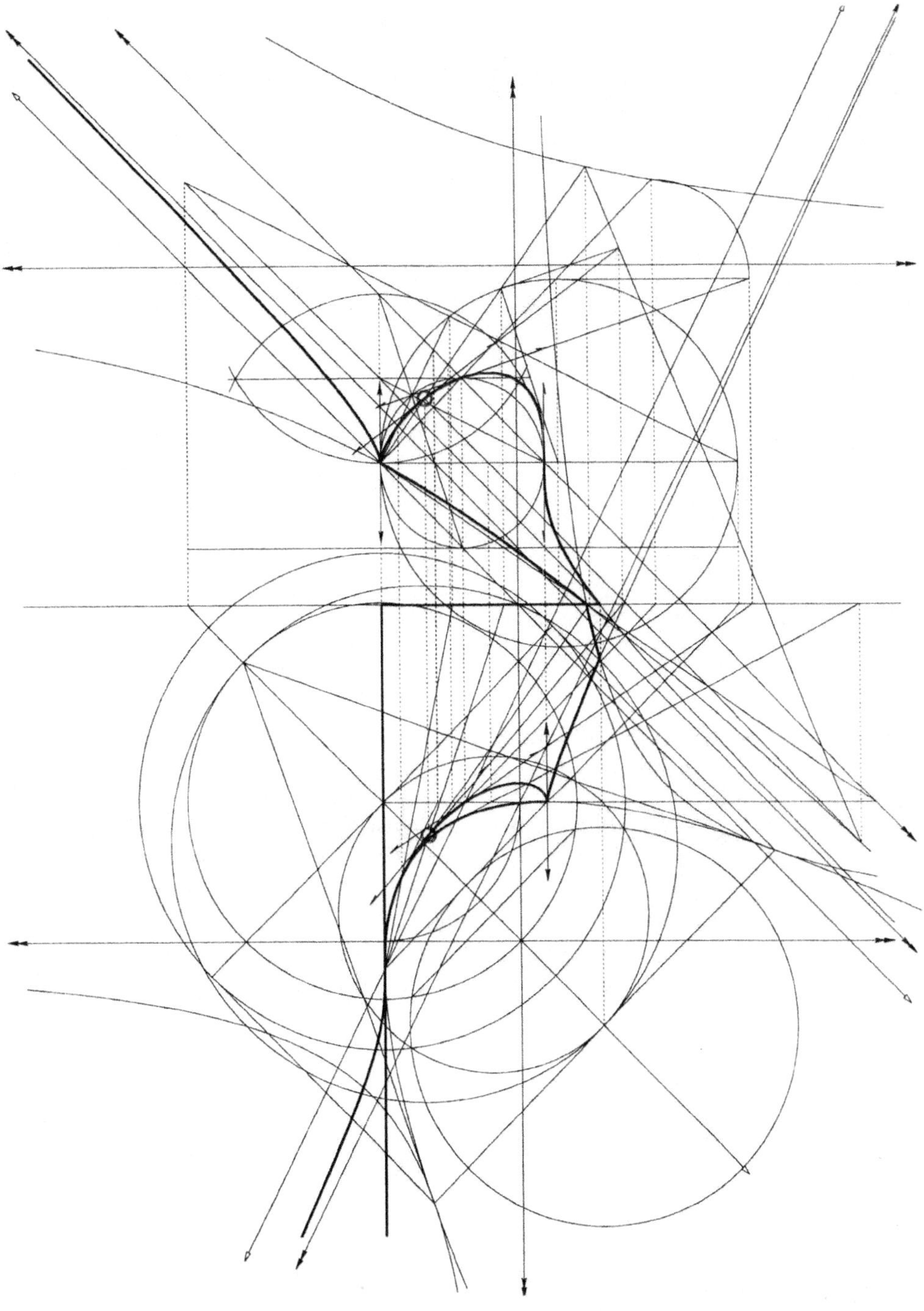

1925

Paraboloïde de révolution entaillé par un hyperboloïde de révolution

On donne trois axes de coordonnées Ox, Oy, Oz ; l'axe Oy, qui coïncide avec la ligne de terre, est dirigé suivant le petit axe de la feuille ; l'origine O est le centre de la feuille. L'unité de longueur est le centimètre.

Un paraboloïde de révolution, dont l'axe est vertical, a pour sommet le point

S (x = 11 ; y = -5 ; z = 11).

Il passe par le point

A (x = 15 ; y = -5 ; z = 7).

Un hyperboloïde de révolution a pour axe la parallèle à la ligne de terre :

(x = 13 ; z = 6),

son cercle de gorge passe par le point A et ses génératrices rectilignes font avec l'axe de révolution un angle égal à 30°.

Représenter par ses projections la région de l'espace, supposée opaque, intérieure au paraboloïde et située au-dessus du plan z = 0, après avoir enlevé la région limitée par l'hyperboloïde et qui contient le centre de cette surface. On représentera une troisième projection du solide sur un plan de profil.

1925

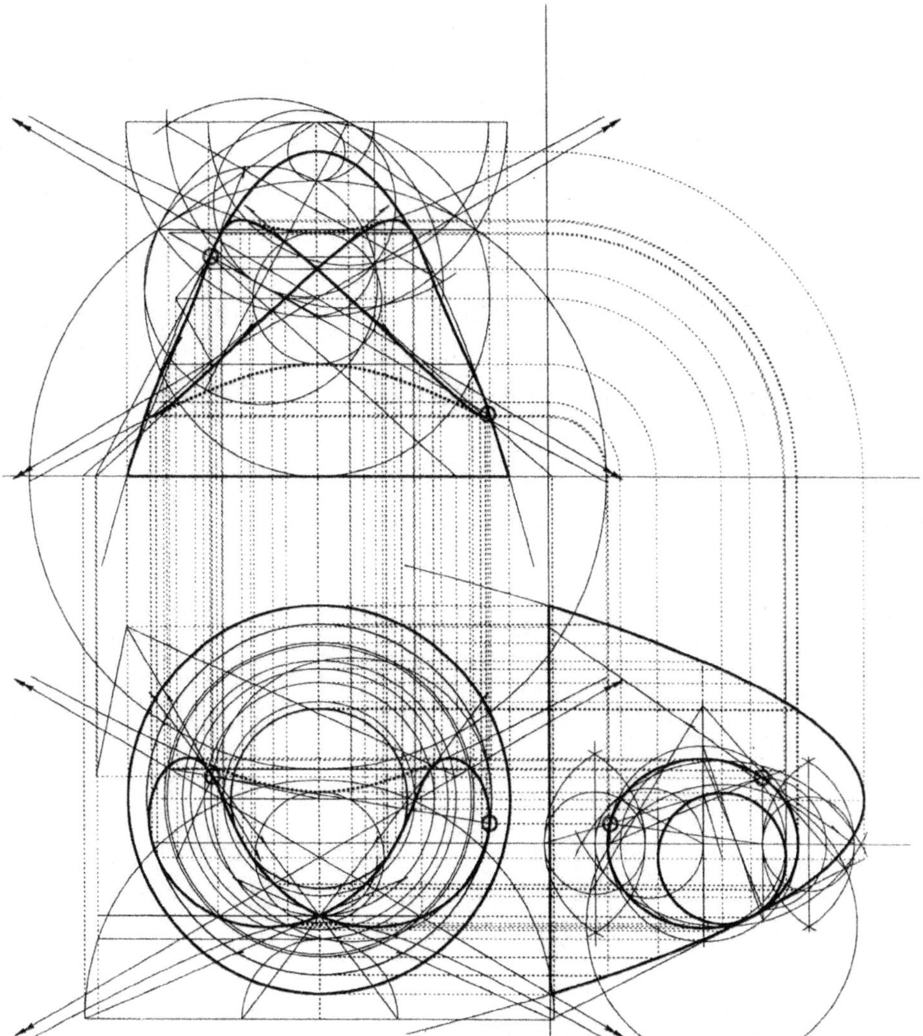

1924

Hyperboloïde de révolution et son cône asymptote, entaillés par un cylindre

La ligne de terre Oy est le petit axe de la feuille.

On donne les points A(11, 6, 10) et B(17, 0, 4).

La droite AB est la génératrice d'un hyperboloïde de révolution qui a pour axe la verticale (x = 11 ; y = 0). La même droite est une génératrice d'un cylindre qui a pour directrice un cercle de front C concentrique à l'hyperboloïde.

Représenter les parties des surfaces de l'hyperboloïde et de son cône asymptote qui sont extérieures au cylindre et sont comprises entre les deux plans horizontaux tangents au cercle C.

1924

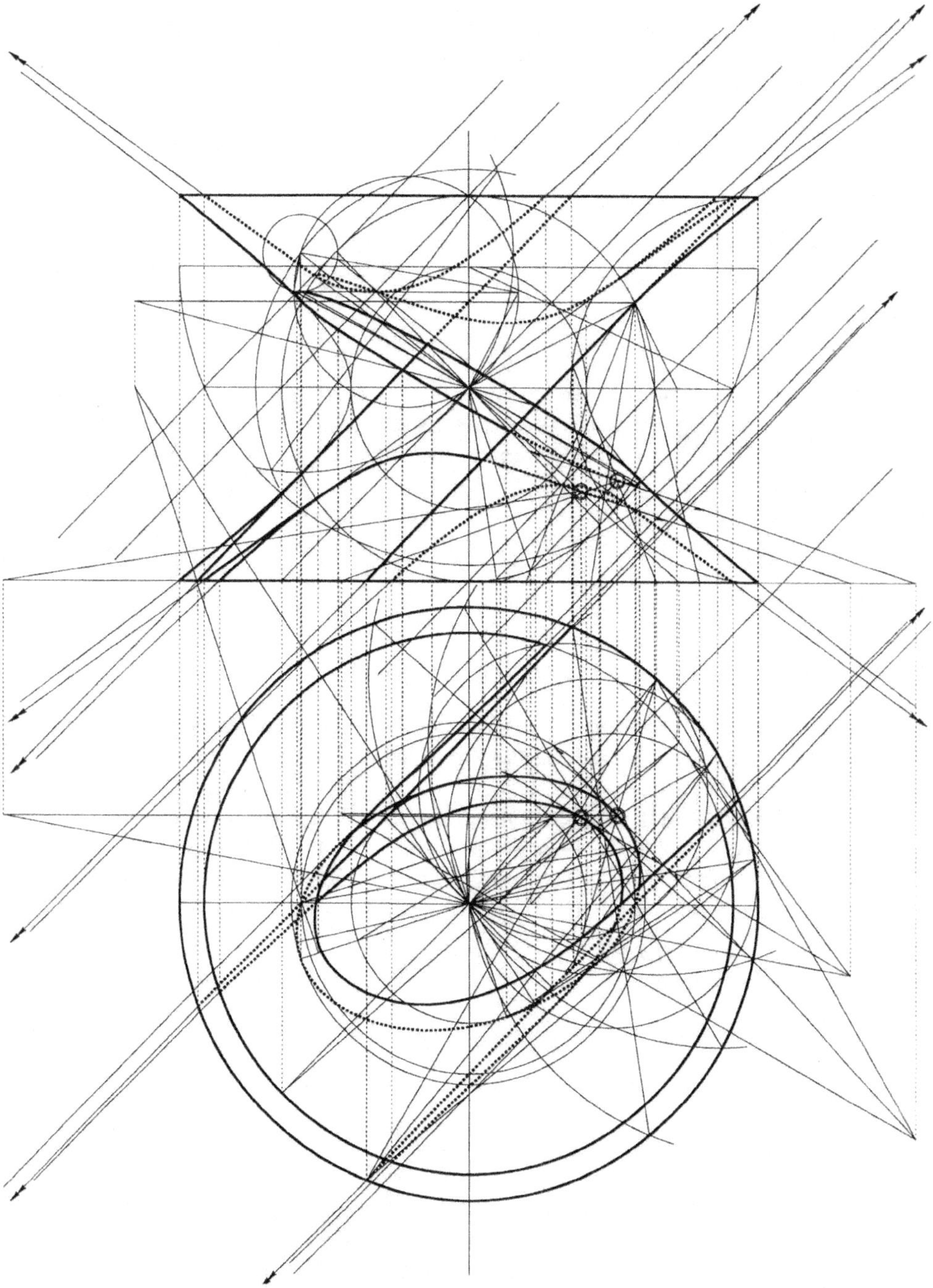

1923

Tore entaillé par un autre tore

On donne trois axes de coordonnées rectangulaires Ox, Oy, Oz. L'axe vertical Oz est dirigé suivant le grand axe de la feuille ; l'axe Oy, qui coïncide avec la ligne de terre est dirigé suivant le petit axe de la feuille. L'unité de longueur est le centimètre.

On donne deux points : A (x = 10 ; y = 0 ; z = 4) et B (x = 10 ; y = 0 ; z = 12). Un premier tore (T_1) a pour axe la verticale AB qui joint A et B ; son cercle méridien, dont le rayon vaut 5, passe par A et B. Un second tore (T_2) a pour centre le point A ; son axe est parallèle à la ligne de terre et son cercle méridien dont le rayon vaut 5, est tangent en A à cet axe.

1) Construire les projections de l'intersection (Γ) des deux tores.

2) L'axe AB partage le cercle méridien de (T_1) en deux segments inégaux; le plus grand de ces deux segments engendre un volume en tournant autour de AB. Représenter la partie de ce volume qui est extérieure à (T_2).

3) On considère le cône de sommet A et de directrice (Γ) ; figurer par un trait rouge plein la projection horizontale de la trace de ce cône sur le plan debout $5y + 3z = 36$.

Pour chacune des courbes tracées, on indiquera la construction du point courant, de la tangente en ce point, des points et des droites remarquables. Ces constructions seront sommairement expliquées dans une légende écrite à l'encre sur la feuille de l'épure. Pour faciliter les explications, on pourra placer quelques lettres sur l'épure.

1923

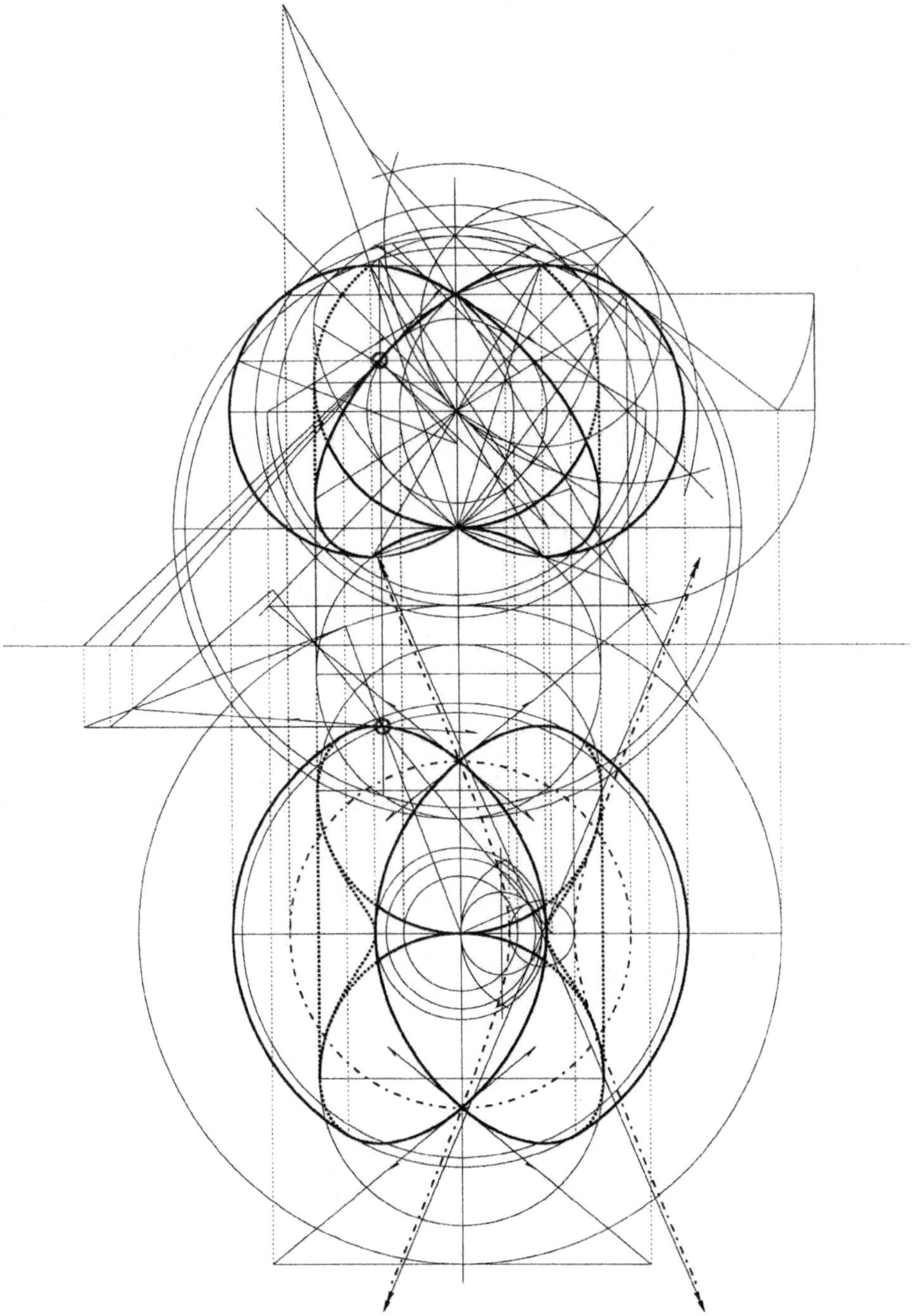

1922

Paraboloïde hyperbolique entaillé par un cône

La ligne de terre yy' est le petit axe de la feuille.

Un cône (S) de sommet S(5, -4, 6) a pour directrice une ellipse de centre I(5, -1, 9), située dans un plan de bout perpendiculaire à SI et dont la projection horizontale est un cercle de rayon 3.

On donne quatre points : A(2, 2, 6) ; B(2, -4, 12) ; C(11, 2, 12) ; D(2, 8, 6) ; un paraboloïde hyperbolique (Σ) passe par les quatre droites AB, BC, CD, DA.

1) Construire l'intersection de (S) et de (Σ).

2) Représenter la portion de la surface de (Σ) qui extérieure au cône, en avant du plan de front $x = 0$, entre les plans horizontaux $z = 4$ et $z = 14$, et entre les plans de profil $y = \pm 14$.

1922

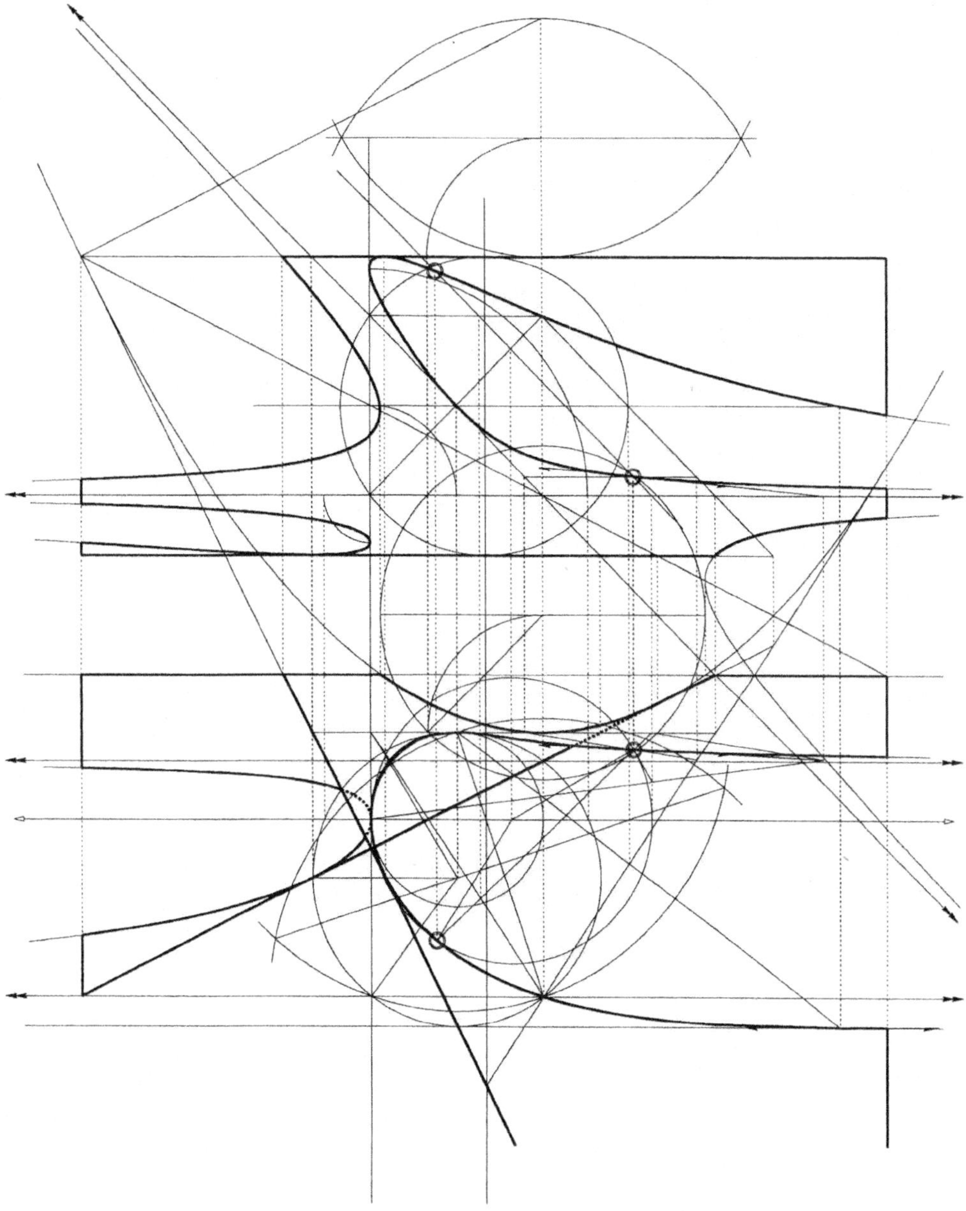

1921

Volume commun à un tore et à un cône

La ligne de terre coïncide avec le petit axe de la feuille.

Un tore a pour axe verticale $\Delta(x = 12 ; y = 0)$; son cercle méridien, de rayon 5, est tangent à Δ au point S de cote 7.

Un cône a pour sommet S; sa base dans le plan $z = 0$, est l'hyperbole équilatère dont les sommets sont les points (8, -1, 0) et (8, 2, 0).

Représenter les projections du volume formé par les points qui sont intérieurs à la fois au tore et au cône.

1921

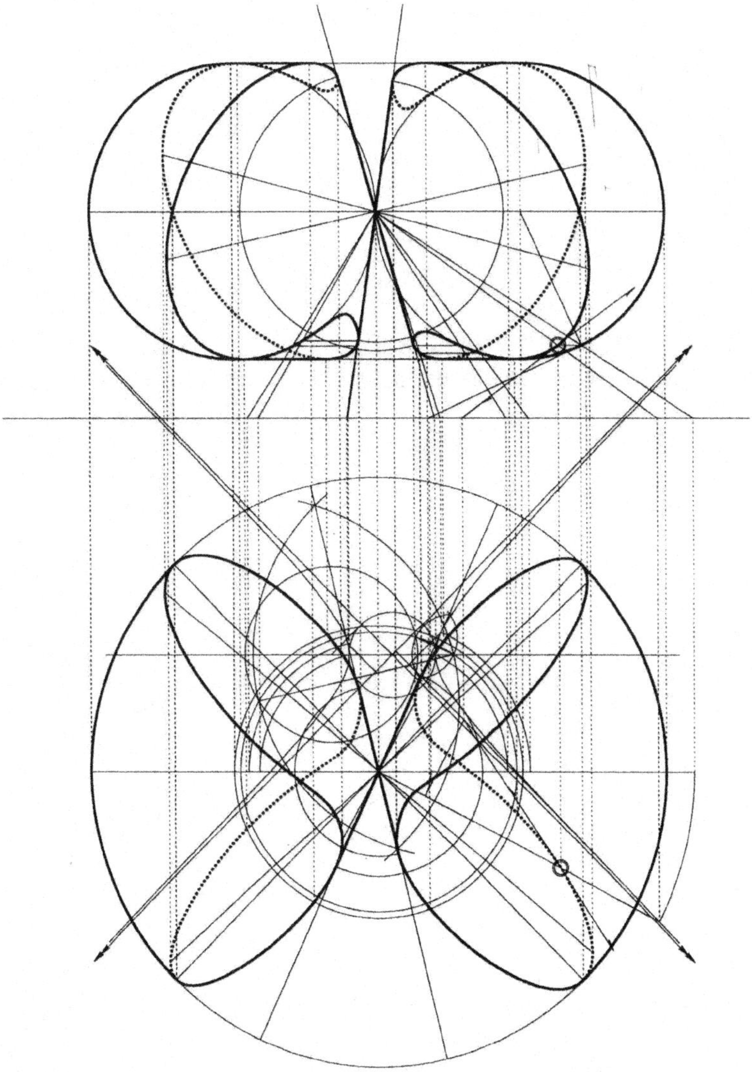

1920

Volume limité par deux surfaces de révolution

La ligne de terre Oy est à 2 centimètres au-dessous du petit axe de la feuille.

Dans le plan P[$y = \sqrt{3}(z - 13)$], on considère la courbe G dont la projection horizontale g est une branche d'hyperbole équilatère de sommet *s*(6, 0), et dont le foyer, situé dans la concavité de g, est *f*(9, 0).

En tournant successivement autour de la verticale de *f*, et autour de la frontale d'éloignement 9 du plan P, G engendre deux surfaces de révolution (Σ_1) et (Σ_2).

On considère le volume de révolution engendré par les points intérieurs aux parallèles de (Σ_1) , et le volume de révolution engendré par les points intérieurs aux parallèles de (Σ_2).

Représenter la portion du solide commun à ces deux volumes comprise entre les plans $y = 11$ et $y = -11$.

1920

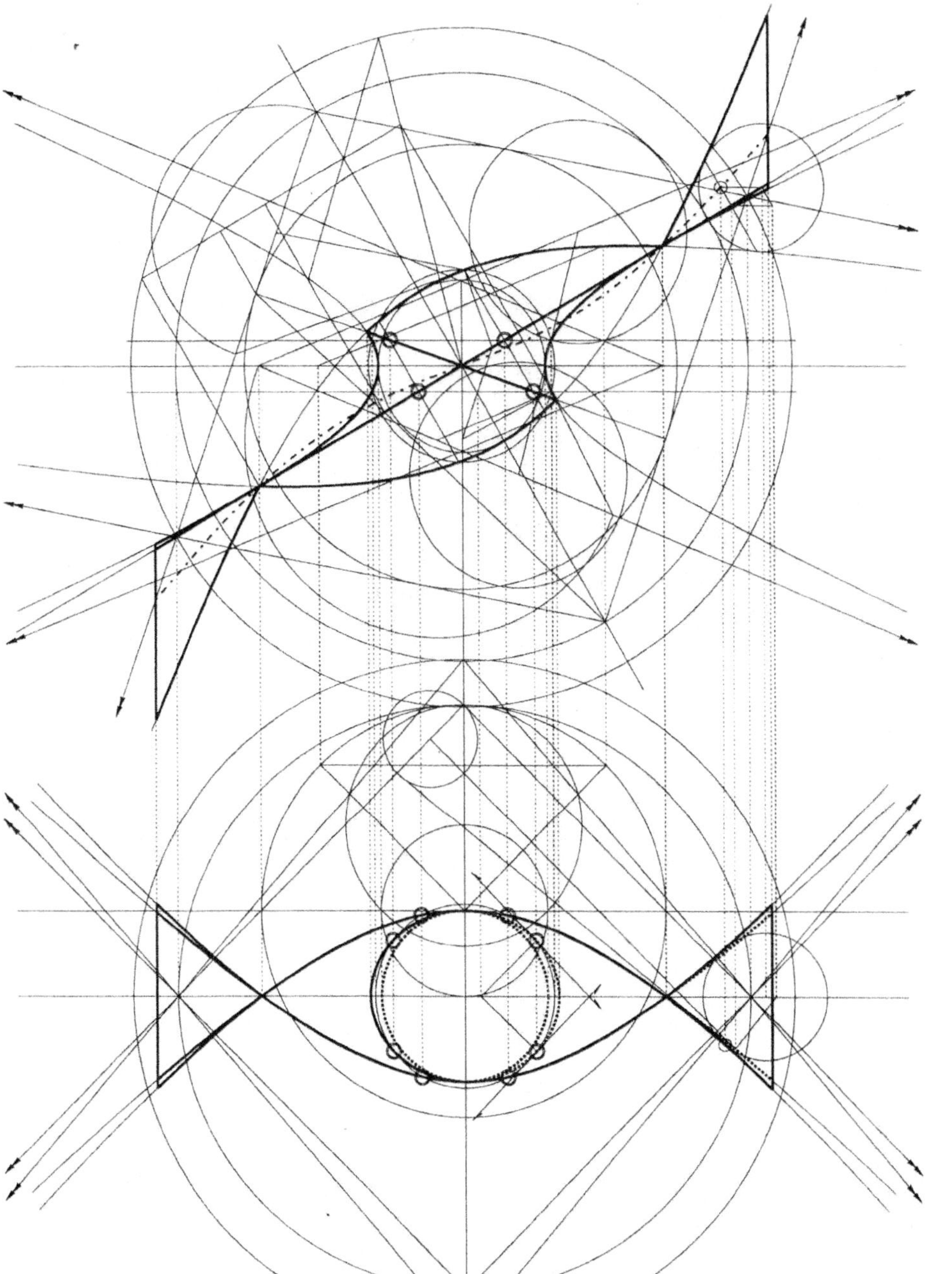

1919

Surface d'un cylindre parabolique entaillée par un cône

La ligne de terre xx' est le petit axe de la feuille. On donne les points :

A (- 7, 0, 2) ; B(-11, 0, 6) ; C(0, 11, 6) ; D(3, 8, 0).

Un cylindre a pour base la parabole de front passant aux points A et B : la tangente en A est horizontale ; la tangente en B est verticale. Les génératrices sont parallèles à la droite BC. Le cône a pour sommet le point C. La base est le cercle horizontal de centre D et de rayon 6.

1) Construire l'intersection des deux surfaces.

2) Représenter la surface du cylindre extérieure au cône, située en avant de la base, et limitée aux deux génératrices qui sont tangentes à l'intersection.

1919

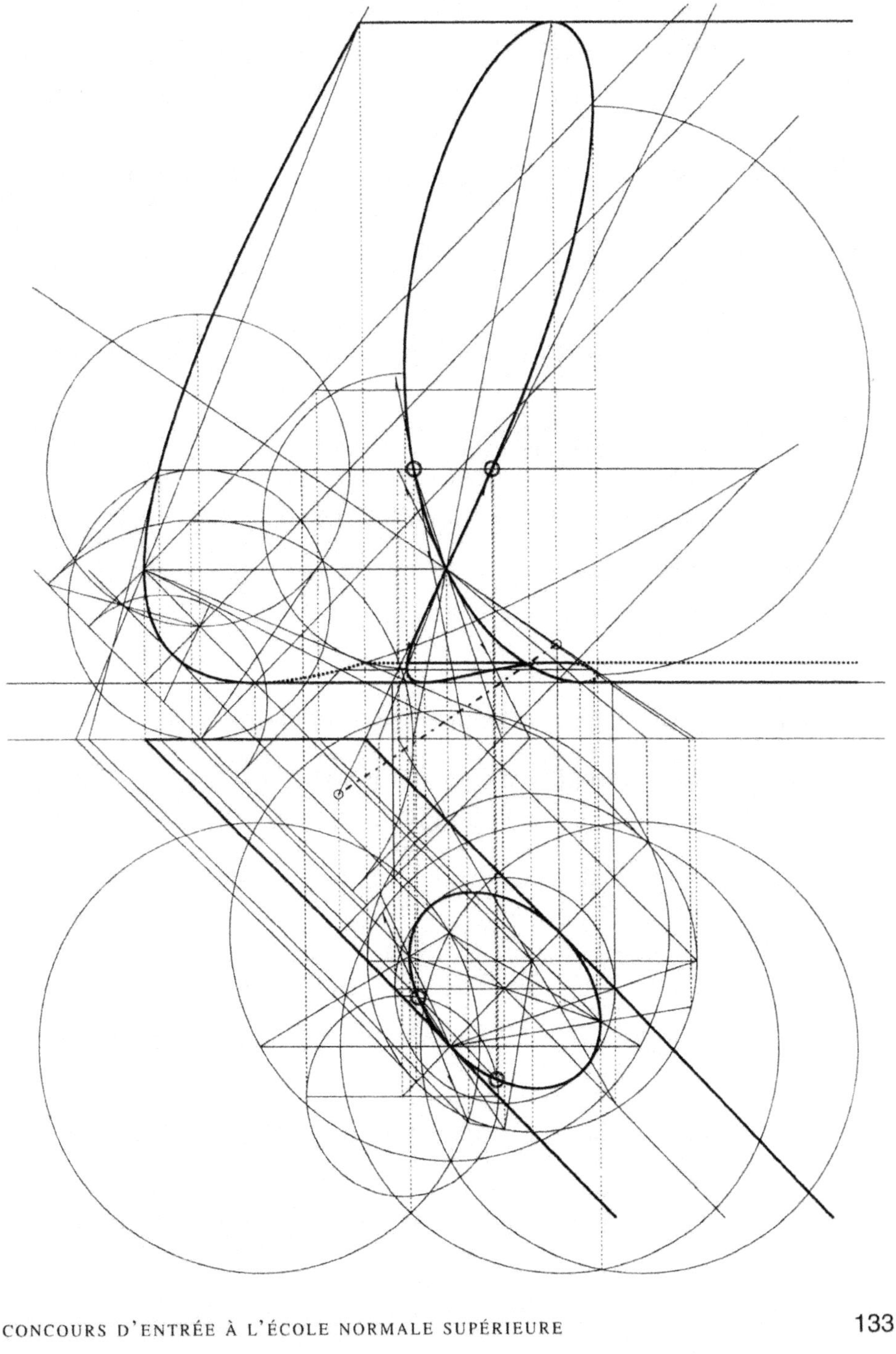

1918

Volume d'un tore entaillé par un cône

La ligne de terre xx' est le petit axe de la feuille. On donne les points :

A (0, 8, 10) ; B(0, 20, 10).

On considère le cercle décrit sur AB comme diamètre dans un plan incliné à 45° sur le plan horizontal, et sur la trace verticale duquel on s'élève de gauche à droite.

Une surface de révolution est engendrée par la rotation de ce cercle autour de la verticale menée par le foyer C de la projection horizontale du cercle qui est le plus voisin du sommet *a* de l'ellipse (*a* est la projection horizontale du point A).

Le cône a pour base le cercle donné ; son sommet est sur l'axe de la surface de révolution et sa cote est 4.

1) Trouver les contours apparents de la surface de révolution.

2) Construire l'intersection de cette surface avec le cône.

3) Représenter le volume du solide de révolution extérieur au cône.

1918

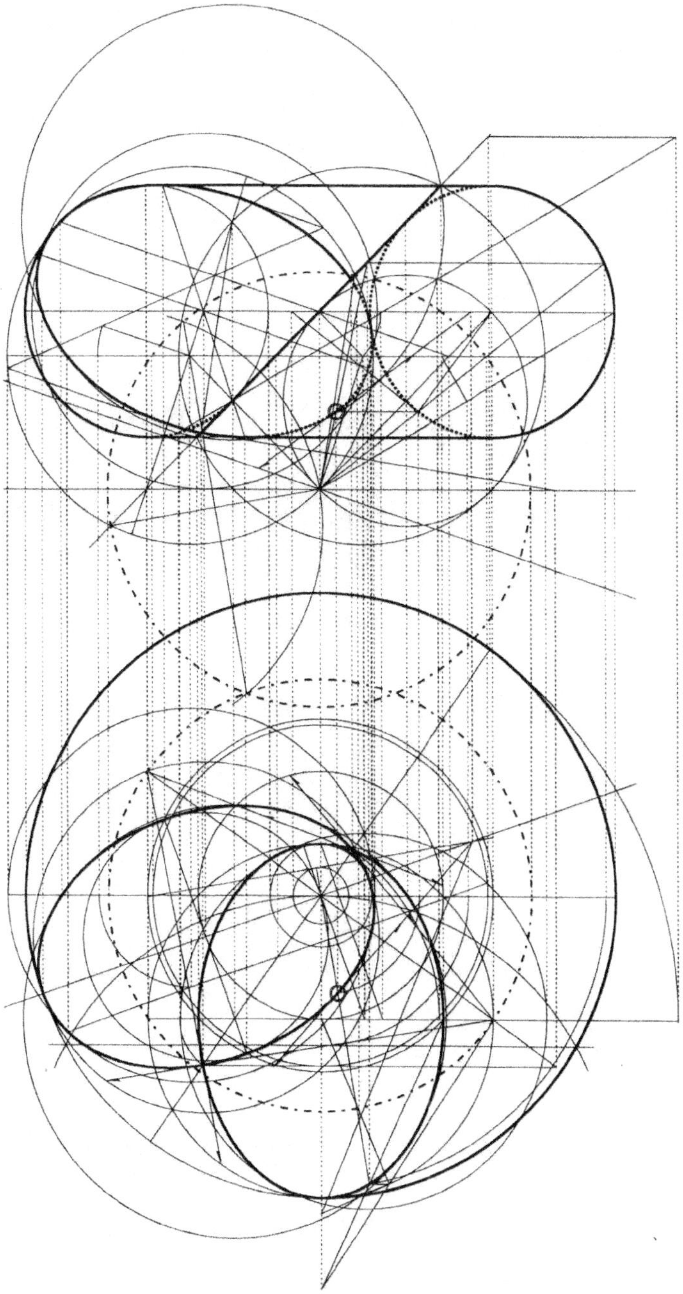

1917

Ombres d'une sphère entaillée par un cône

La ligne de terre xx' est le petit axe de la feuille et les données sont évaluées en millimètres.

On donne les points :

A(0, 100, 72) ; B(0, 100, 0) ; C(-36, 136, 72) ; D(72, 172, 144).

Une sphère de centre A passe par B. Un cône de sommet B a pour base le cercle horizontal de centre C passant par A.

Représenter la partie de la sphère supposée pleine et opaque, extérieure au cône, et toutes les ombres produites sur ce solide avec des rayons lumineux qui ont le sens et la direction du vecteur DB.

1917

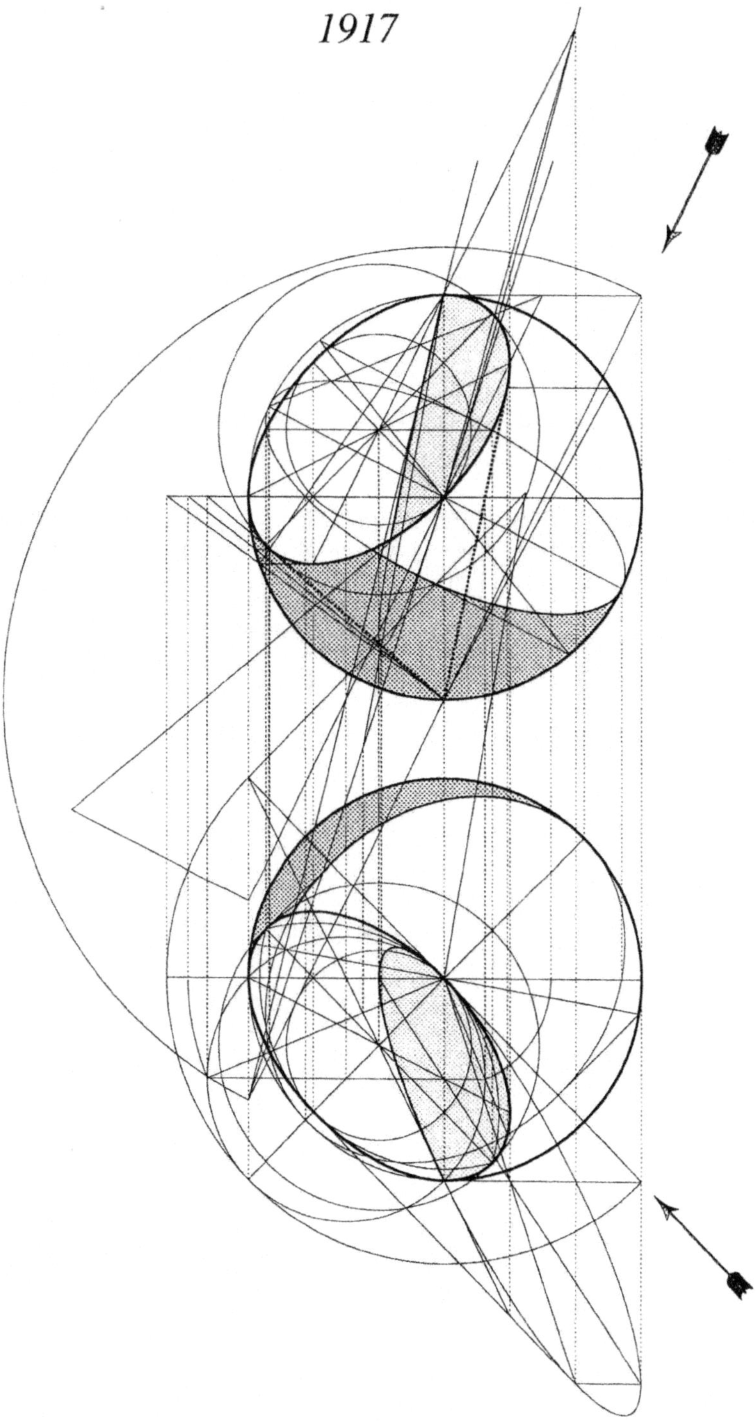

1916

Surface de révolution entaillée par un cylindre

La ligne de terre Oy est le petit axe de la feuille.

Dans le plan $\Pi(y + z = 9)$, on donne les points $A(18, 0, 9)$, et $B(9, 0, 9)$. Le cercle (C), de diamètre AB, situé dans le plan Π, en tournant autour de la verticale de B, engendre une surface (S). Construire la méridienne de (S).

Soit (T) le cylindre du second ordre contenant (C), dont les sections horizontales sont des cercles, et tel que l'on s'élève sur les génératrices en les parcourants de gauche à droite.

Représenter le solide intérieur à (S) et extérieur à (T).

1916

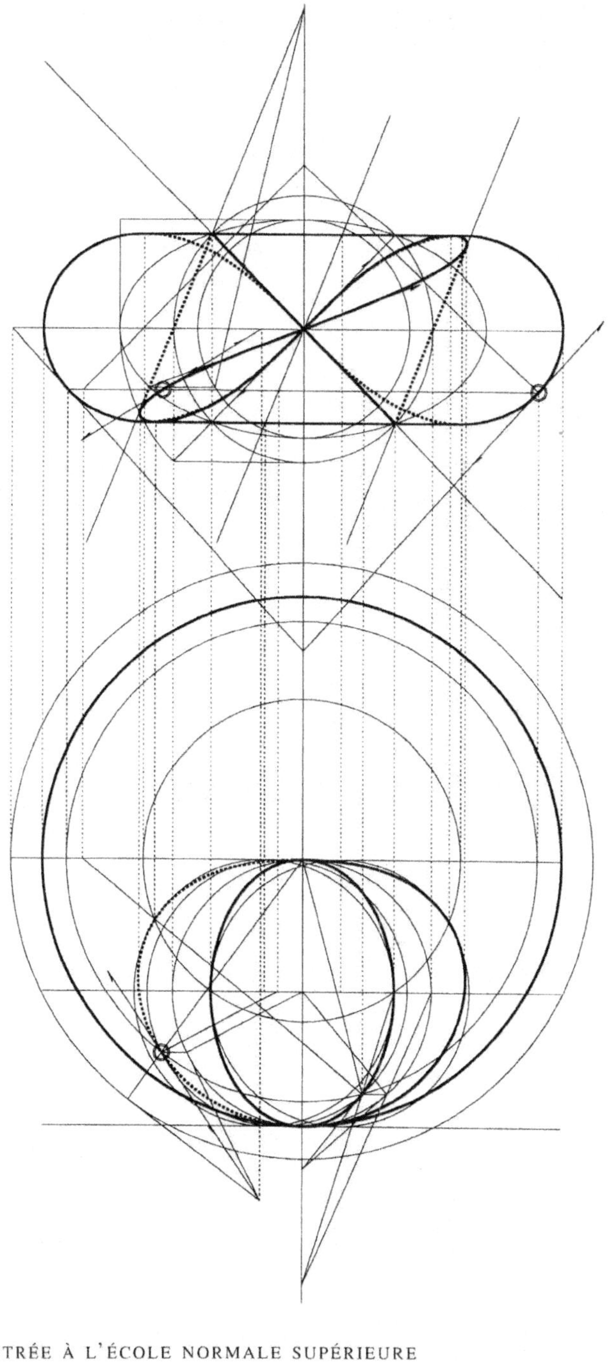

1914

Ombres d'un tore entaillé par un cône

Sur l'hypoténuse AB (qui vaut 72 mm) d'un triangle rectangle isocèle ABC on décrit le demi-cercle ADB extérieur à ABC. La surface convexe ainsi obtenue engendre un solide S en tournant autour de la parallèle XY menée par C à AB.

Représenter S par ses projections, avec toutes les ombres produites sur sa surface par des rayons parallèles. Mettre des hachures bleues sur les ombres.

Mise en place : la ligne de rappel cc' coïncide avec le grand axe de la feuille. Les points c et c' sont symétriques par rapport au petit axe de la feuille (c' au-dessus de c); cc' = 20 centimètres. xx' est à gauche de cc'; yy' est à droite. Les angles cc'y',c'cy valent respectivement 30° et 45°.

Les rayons lumineux sont de front, inclinés à 45° sur le plan horizontal ; la lumière vient d'en haut et de droite à gauche.

1914

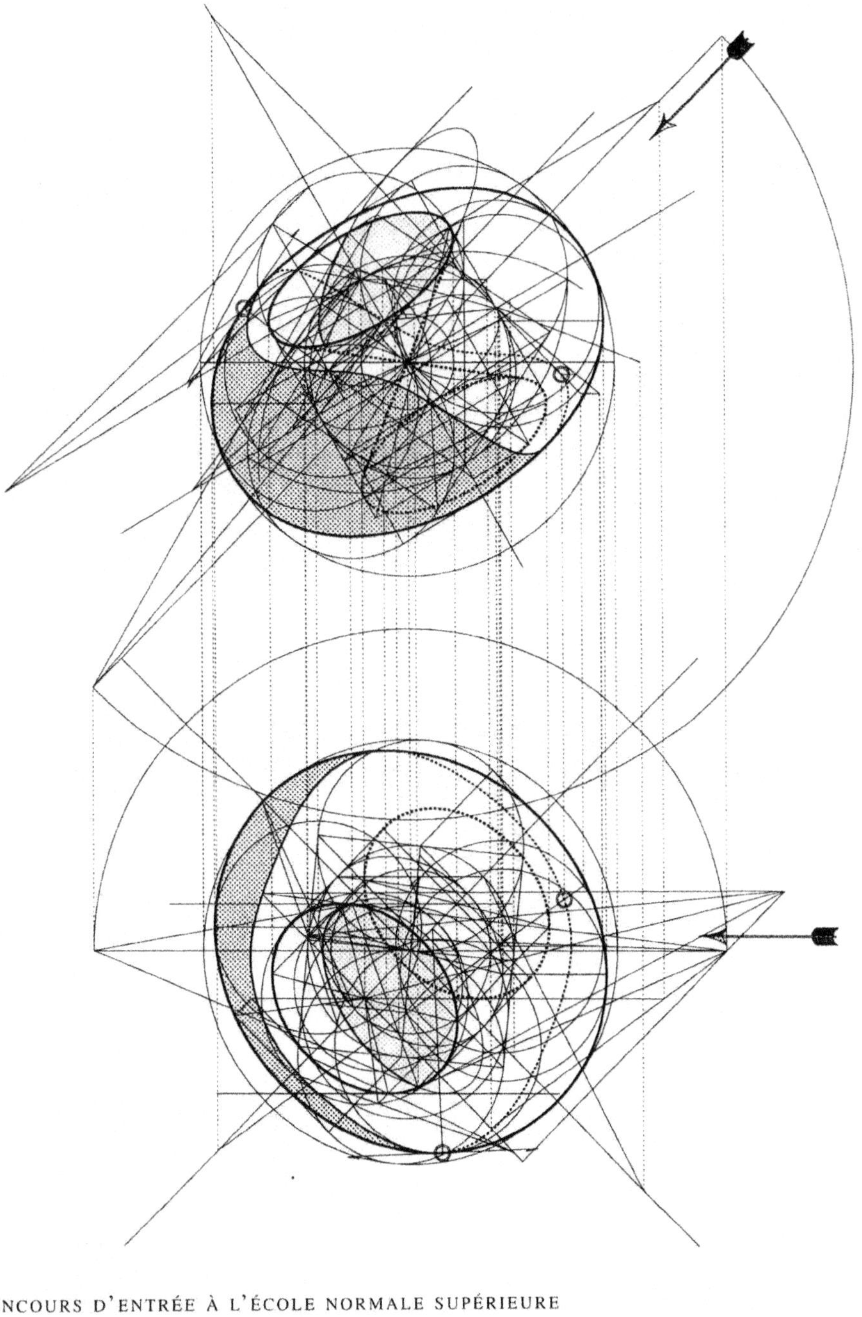

1913

Ombres d'un hyperboloïde de révolution entaillé par un cône

La ligne de terre est le petit axe de la feuille.

Une ellipse horizontale (E) a pour centre Ω(0, 10, 10) ; son grand axe, parallèle à Ox, mesure 20 ; sont petit axe mesure 8.

En tournant autour de D (y = 10 ; z + x = 10) la surface de (E) engendre un volume (V).

Représenter le solide V, avec les ombres produites sur ce solide, tant à l 'extérieur qu'à l'intérieur, par des rayons lumineux perpendiculaires au second bissecteur, la lumière venant d'en haut.

1913

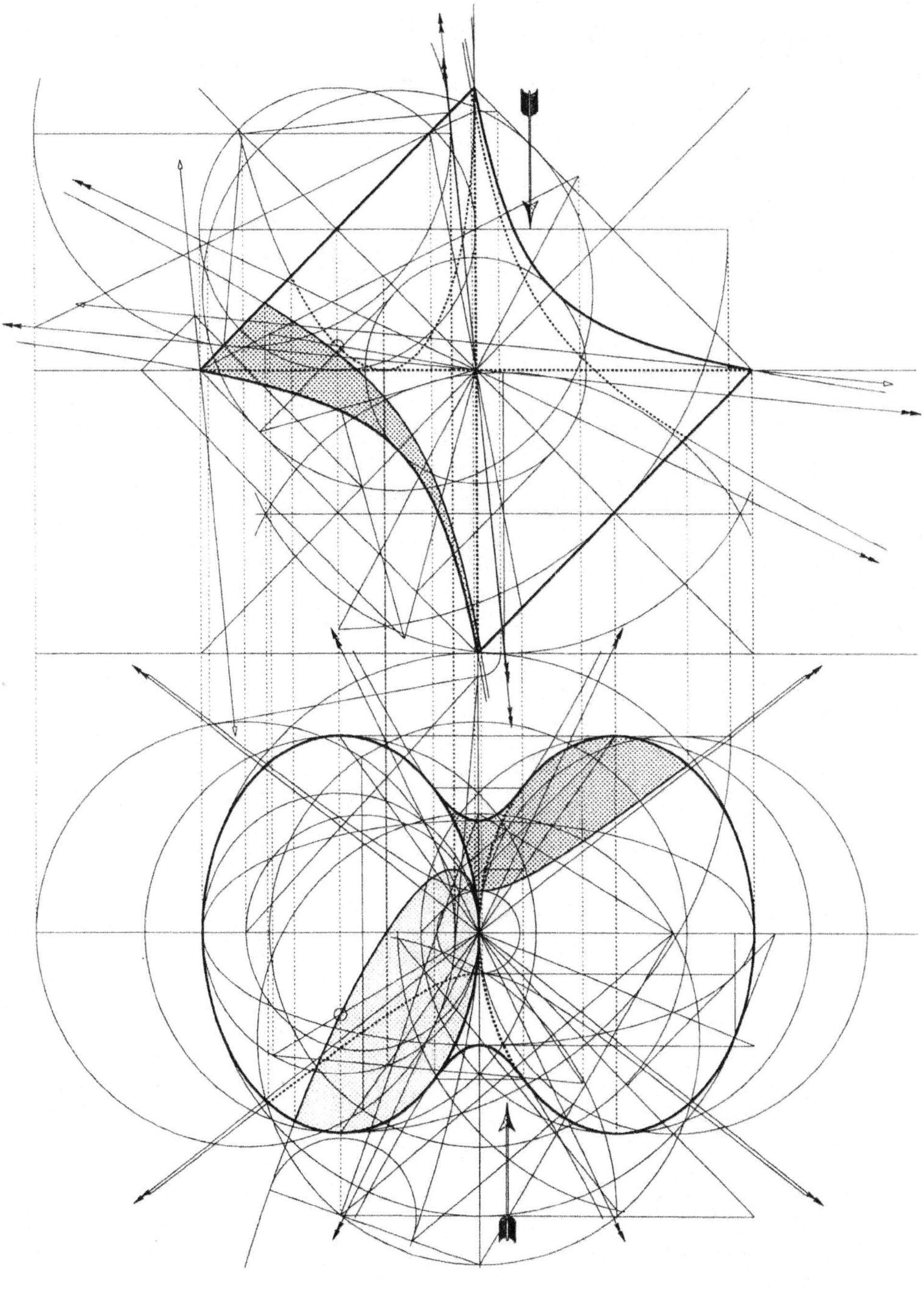

1912

Volume commun à un paraboloïde de révolution et à un hyperboloïde

La ligne de terre Ox est le petit axe de la feuille ; l'unité est le millimètre.

Soit (S) la sphère de centre Ω (0, 100, 100) et de rayon 48.

Soit (H) la surface gauche de révolution de centre Ω, dont l'axe a pour coefficients directeurs ($\sqrt{3}$, 0, 1), dont une génératrice est parallèle à Ox, et qui est circonscrite à (S).

Soit (P) le paraboloïde de révolution circonscrit à (S), dont l'axe est debout, dont le paramètre est 16, et dont le sommet est en avant de Ω.

Représenter le solide commun à (H) et à (P).

1912

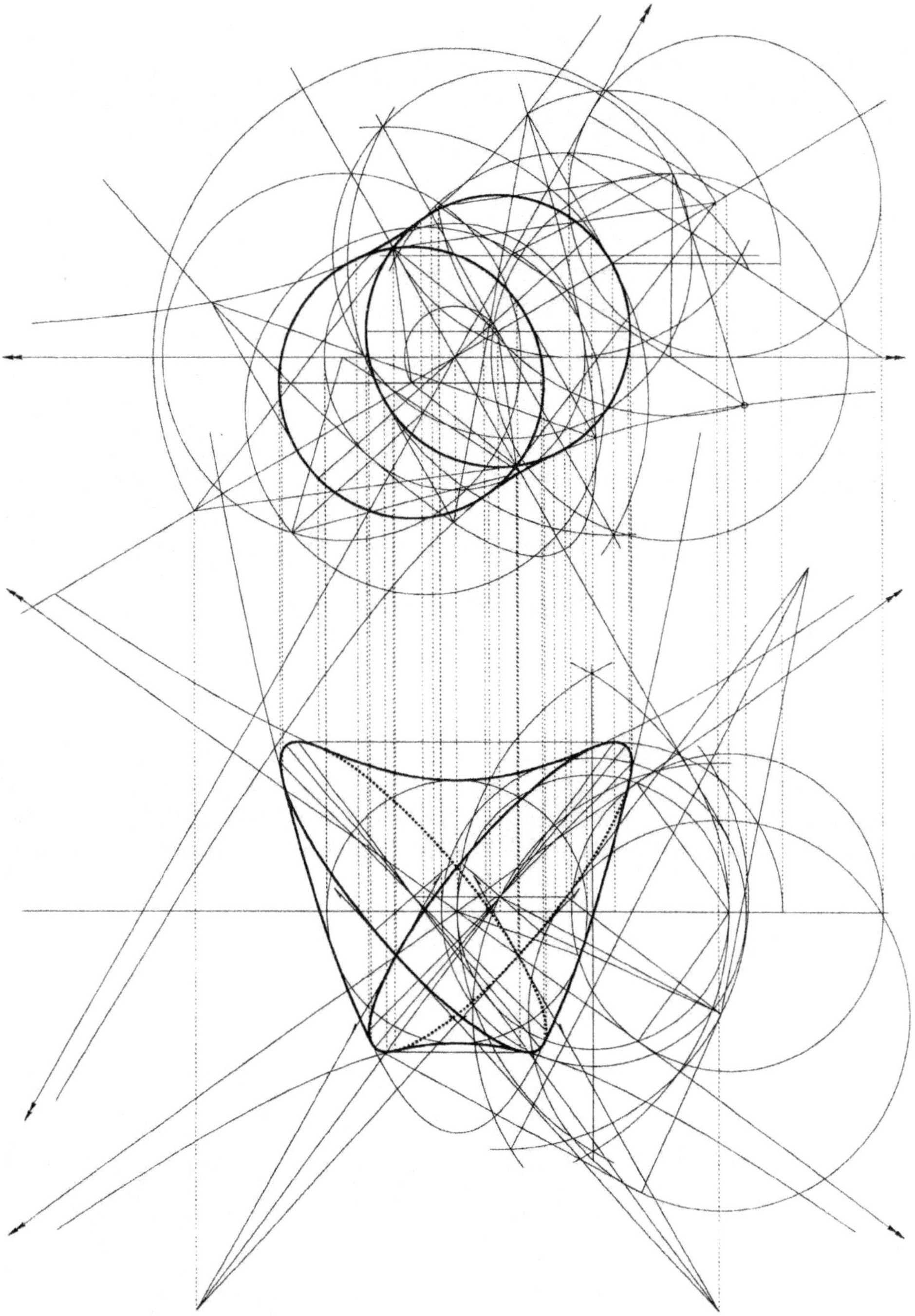

1911

Ombres d'un hyperboloïde entaillé par un paraboloïde hyperbolique

Un cube *abcdαβγδ* a pour diagonales les droites *aα*, *bβ*, *cγ*, *dδ*. La diagonale *aα* est verticale ; sa longueur vaut 12 centimètres. Sur l'épure, elle se projette suivant le grand axe de la feuille ; son extrémité inférieure (*a*, *a'*) est placée de manière que *aa'* = 12 centimètres et que le point *a* soit à 12 centimètres du bord inférieur du cadre. La diagonale *bβ* est de front, le point *b* à gauche du point *β* est plus haut que lui. L'arête *cd* est en avant du plan de front *aαbβ*, le point *c* à gauche du point *d*.

Cela posé, on considère :

1) L'hyperboloïde qui a pour directrices les trois droites *bc*, *dβ*, *γδ* ;

2) Le paraboloïde qui a pour plan directeur le plan *abcd* et pour directrices les droites *bδ* et *cβ*.

On demande :

1) de déterminer l'intersection des deux surfaces ;

2) de représenter le solide limité d'une part à ces deux surfaces, d'autre part aux plans horizontaux menés par les extrémités de la diagonale verticale du cube. L'arête *ab* fait partie de ce solide ;

3) de déterminer les ombres produites sur ce solide par des rayons lumineux parallèles à la droite *bα* ;

4) de calculer, à 1 mm^2 près, l'aire de la section faite dans ce solide par le plan horizontal mené par le point *b*.

Expliquer succinctement l'épure.
Cadre 28 x 44 centimètres.

1911

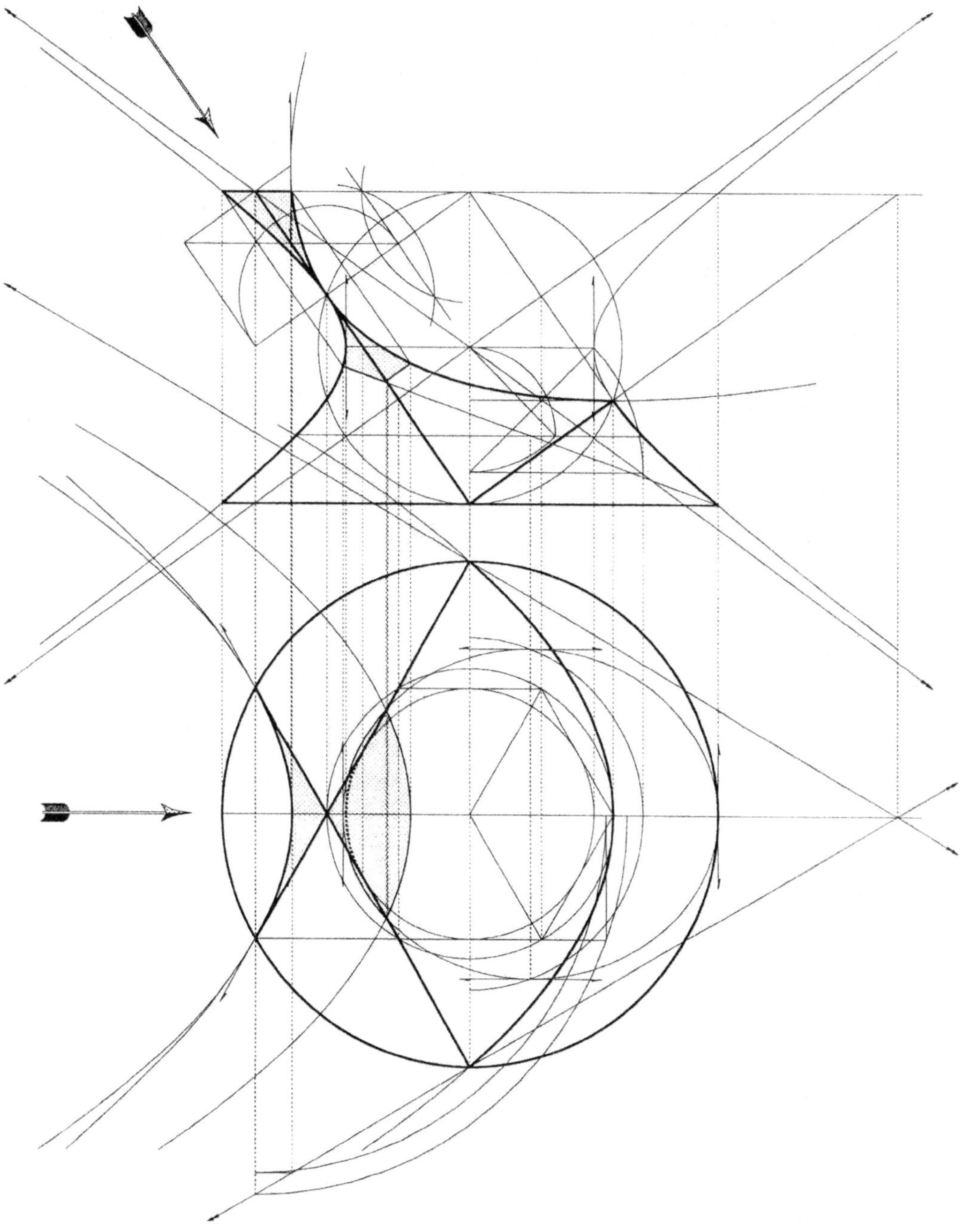

1910

Ombres d'un paraboloïde de révolution entaillé par un paraboloïde hyperbolique

La ligne de terre étant placée suivant le petit axe de la feuille, on donne :

Un paraboloïde de révolution dont l'axe Z est vertical, a pour éloignement 110 millimètres, et se projette à 20 millimètres à droite du grand axe de la feuille. La cote du sommet est 160, celle du foyer 144.

Un paraboloïde hyperbolique qui a deux génératrices de front ; la première, D, est verticale ; elle est située dans le plan de profil de l'axe Z, à 32 en avant de cet axe ; la seconde Δ, est de front, à 64 en arrière de Z, elle est inclinée à 45° sur le plan horizontal et on s'éloigne sur elle de gauche à droite. Les projections verticales de ces deux génératrices se rencontrent en un point dont la cote est 96. Enfin le paraboloïde à un plan directeur perpendiculaire à la génératrice Δ.

1) Représenter la partie solide du paraboloïde de révolution qui ne contient pas le sommet, séparée par le paraboloïde hyperbolique, et limitée au plan horizontal de projection.

2) Construire l'ombre propre de ce solide, ainsi que son ombre portée sur le plan horizontal, les rayons lumineux étant parallèles à la direction Δ.

1910

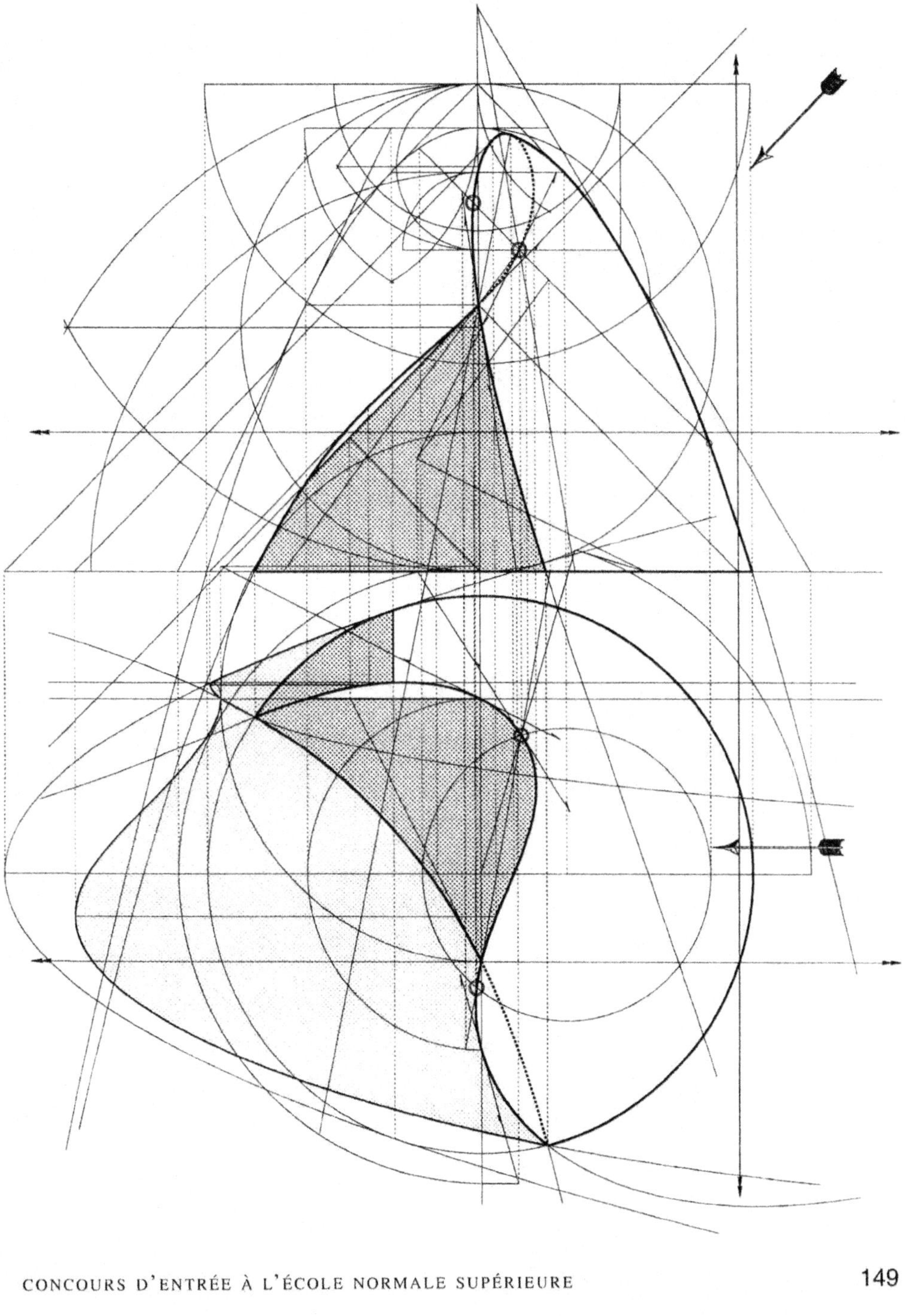

1909

Ombres d'un volume engendré par la rotation d'un cube autour d'une diagonale

Un cube dont la diagonale vaut 14 centimètres a deux diagonales de front dont l'une, CD, est verticale. On le fait tourner autour de sa diagonale de front AB non verticale. Ses arêtes engendrent des surface recouvrant un solide S.

Représenter les deux projections de S, éclairé par la lumière à 45° avec son ombre propre et son ombre portée sur les plans de projections.

Mise en place : la ligne de terre coïncide avec le petit axe de la feuille, *ab* est à 12 centimètres de la ligne de terre; *aa'* à droite de *bb'*; *a'* au-dessus de *b'*; *c'd'* est à 3 centimètres à gauche du grand axe de la feuille.

1909

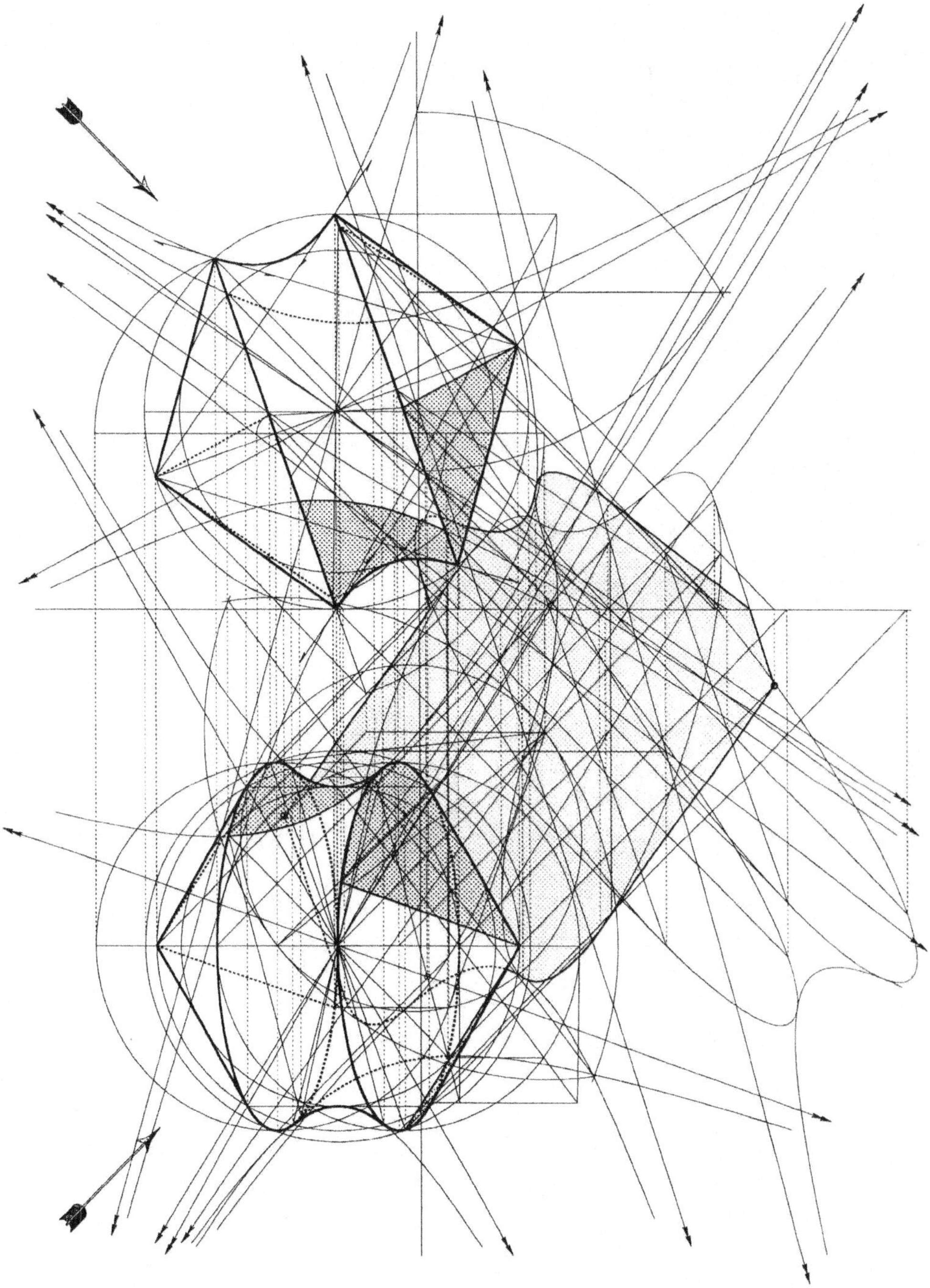

1908

Volume commun à un tore et à un hyperboloïde de révolution

La ligne de terre est le petit axe de la feuille ; l'unité est le millimètre.

Un tore (T), d'axe vertical, a pour centre Ω(100, 0, 100) ; le rayon de la méridienne est 45 ; celui du cercle moyen est 60.

Une surface gauche de révolution (H) a pour centre Ω ; son axe a pour coefficients directeurs (1, 1, 0) ; les hyperboles méridiennes sont équilatères et leur axe transverse mesure 30.

Représenter le solide commun à (T) et (H).

1908

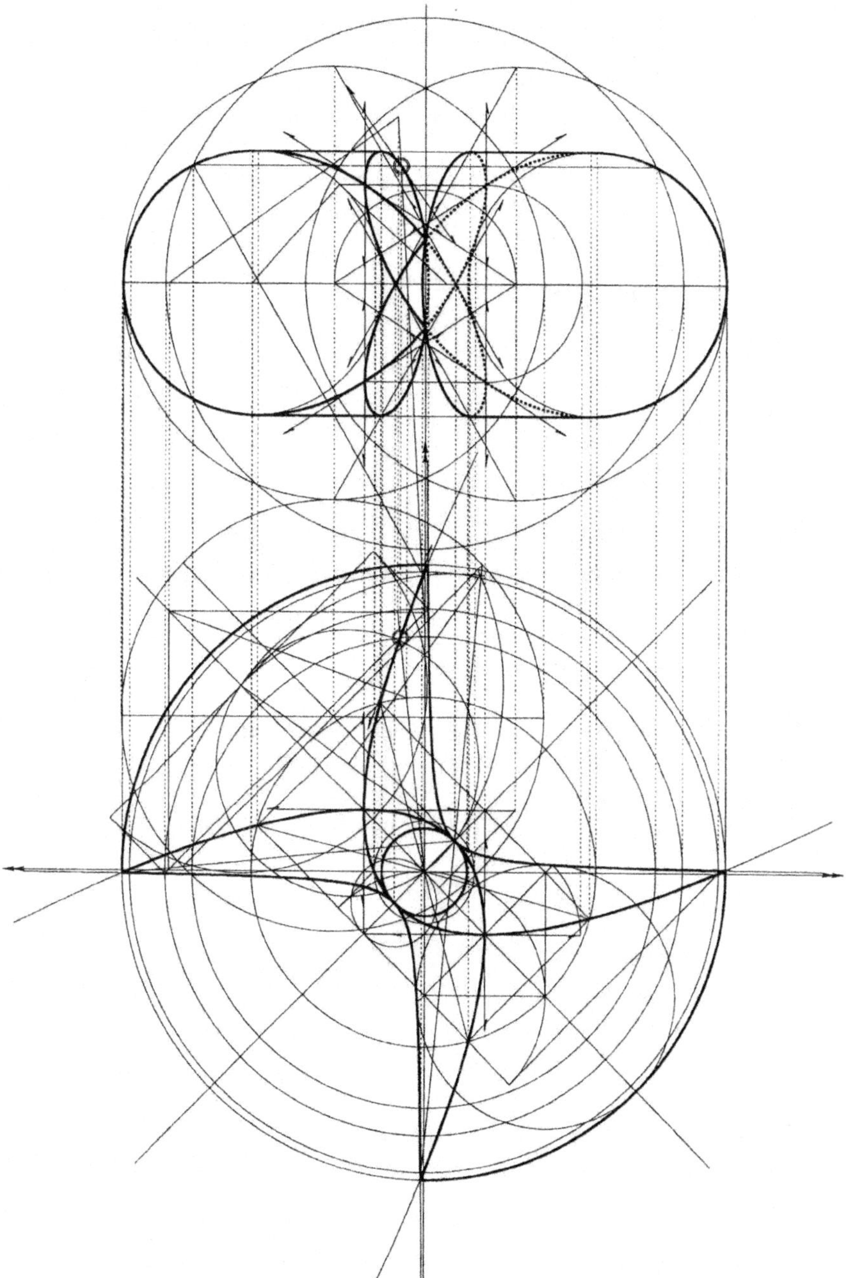

1907

Volume commun à un cône et à un hyperboloïde de révolution

La ligne de terre xx' est le petit axe de la feuille. L'unité est le centimètre.

Un hyperboloïde a pour directrices :

1) La verticale A : (x = -4 ; y = 8)

2) La ligne de bout B' (x = 0 ; z = 12)

3) La parallèle à la ligne de terre C,C' (y = 12 ; z = 8)

Un cône a son sommet sur l'hyperboloïde au point (S,S') (x = 2 ; y = 11 ; z = 10). Sa directrice se projette horizontalement suivant la circonférence G ayant pour centre (x = 5 ; y = 14) et passant par S ; verticalement suivant la circonférence G' ayant pour centre (x = 5 ; y = 7) et passant par S'. (On choisira naturellement l'ellipse G,G' qui ne passe pas par le sommet du cône).

Représenter le solide commun à l'hyperboloïde et au cône.

1907

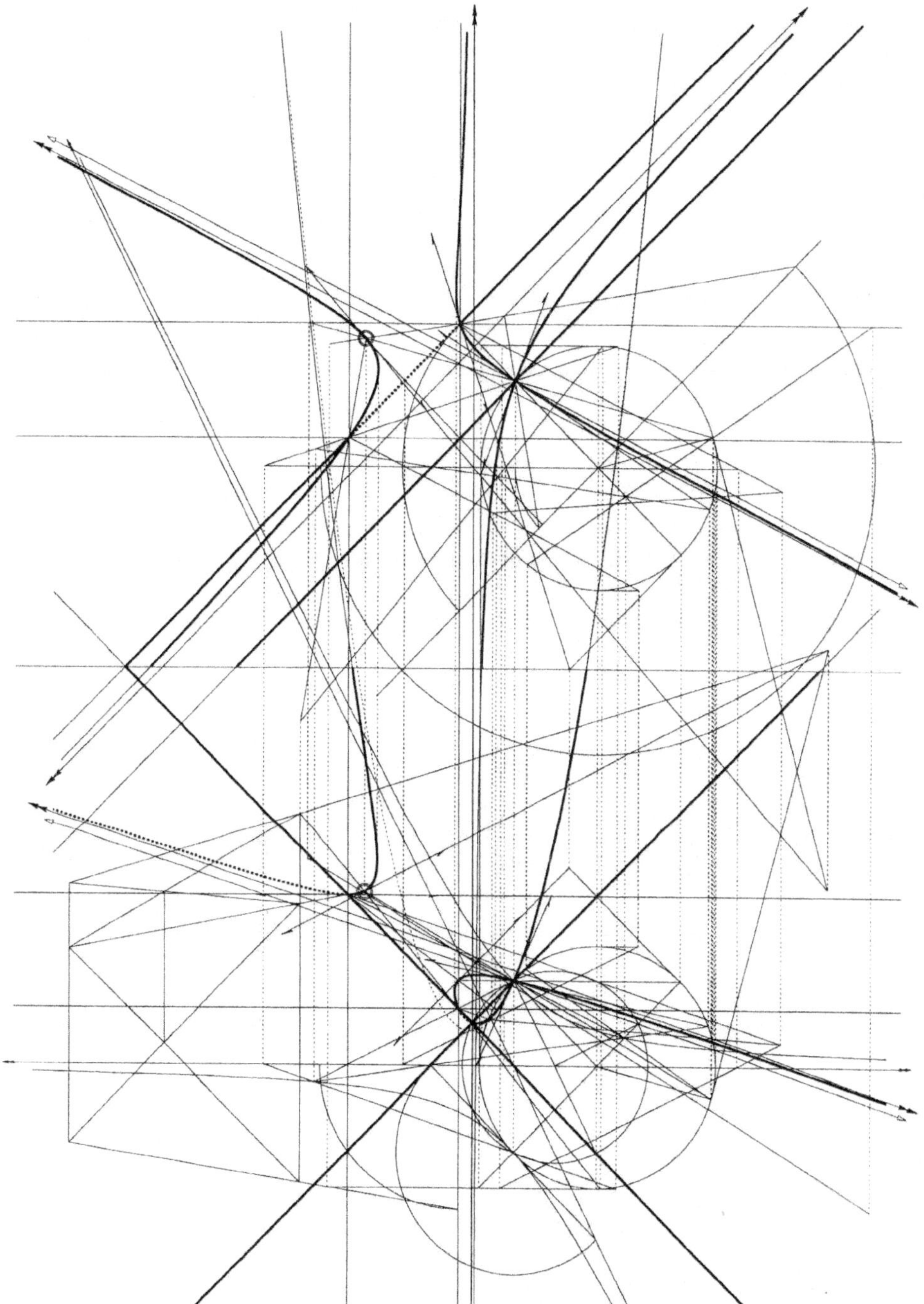

1906

Volume commun à un tore et à un hyperboloïde de révolution

La ligne de terre xx' est le petit axe de la feuille. L'unité est le centimètre.

Un hyperboloïde de révolution a pour centre (*o, o'*) (x = 0 ; y = 8 ; z = 18). Son axe est de front, les génératrices font avec l'axe un angle de 45°. La méridienne principale a pour sommet le point :

a' (x = -3 ; z = 15).

Le tore a son axe vertical *o* (x = 0 ; y = 8). Sa méridienne principale a pour centre *ω'* (x = ±6 ; z = 12). Elle passe de plus par le point *a'*.

Représenter le solide commun à l'hyperboloïde et au tore.

1906

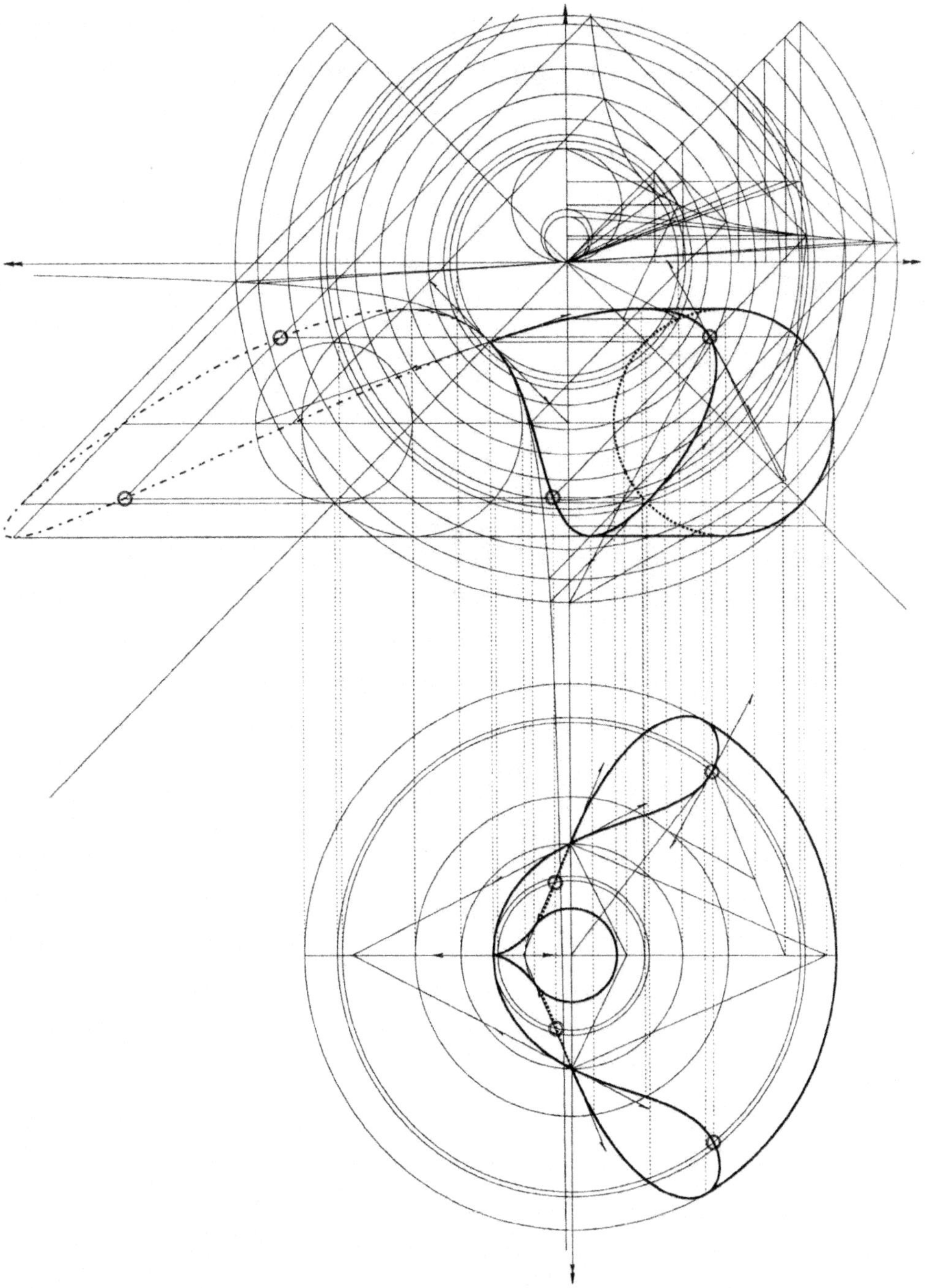

1905

Ombres d'un paraboloïde hyperbolique

Un paraboloïde équilatère a une parabole principale de front. Cette parabole a pour sommet :

$x = -4$; $y = 10$; $z = 12$

et pour foyer

$x = -4$; $y = 10$; $z = 11$

Représenter la surface opaque de ce paraboloïde, comprise entre les deux plans de front $y = 6$, $y = 14$, et au-dessus du plan horizontal $z = 3$.
Déterminer les ombres produites, en supposant les plans de projection opaques, les rayons lumineux étant à 45° sur la ligne de terre dans les deux projections.

On calculera les abscisses des points de rencontre de la ligne de terre avec le contour de l'ombre portée par l'objet ainsi défini.

1905

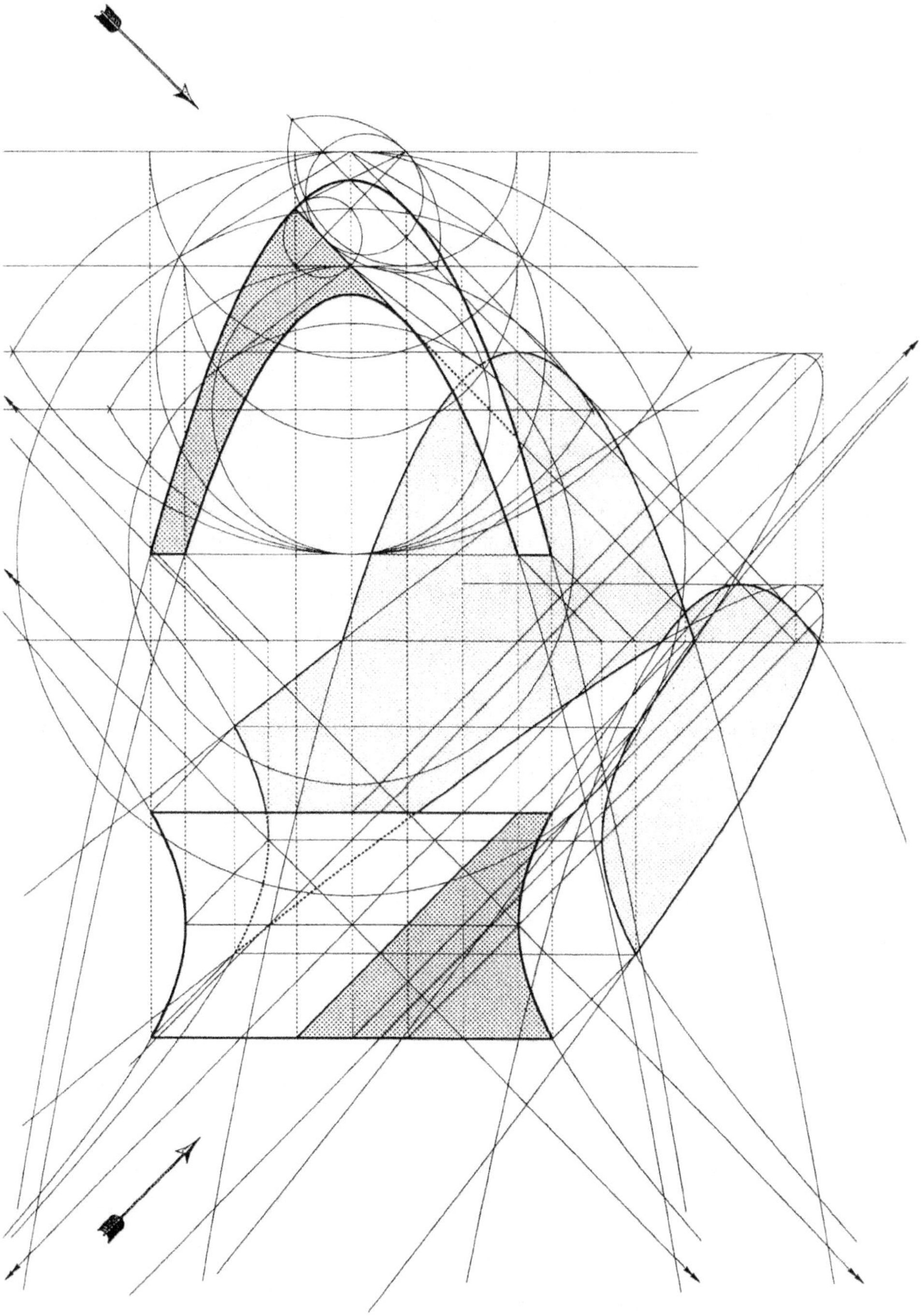

1904

Trois paraboloïdes de révolution et leurs ombres

L'origine O est le centre de la feuille, l'axe des x est le grand axe de la feuille. On donne les points :

(ω) (x= - 5 ; y = 0) et (a) (x = -5 ; y = 6).

On construit le triangle équilatéral *abg* ayant pour centre ω et pour sommet a. Les points *abg*, sont les pieds des axes verticaux de trois paraboloïdes de révolution, dont les sommets et les foyers ont respectivement pour cote 16 et 15. Représenter, en projection horizontale seulement, le système des trois paraboloïdes solides et de même substance, en ne conservant de cet objet que la région au-dessus du plan horizontal supposé opaque et illimité.

Ombres de ce système, les rayons lumineux étant inclinés à 45°, sur le plan horizontal et parallèles en projection horizontale à $O\omega$, de façon que l'ombre sur le plan horizontal soit à droite. Calculer les coordonnées des points brillants sur les trois paraboloïdes.

1904

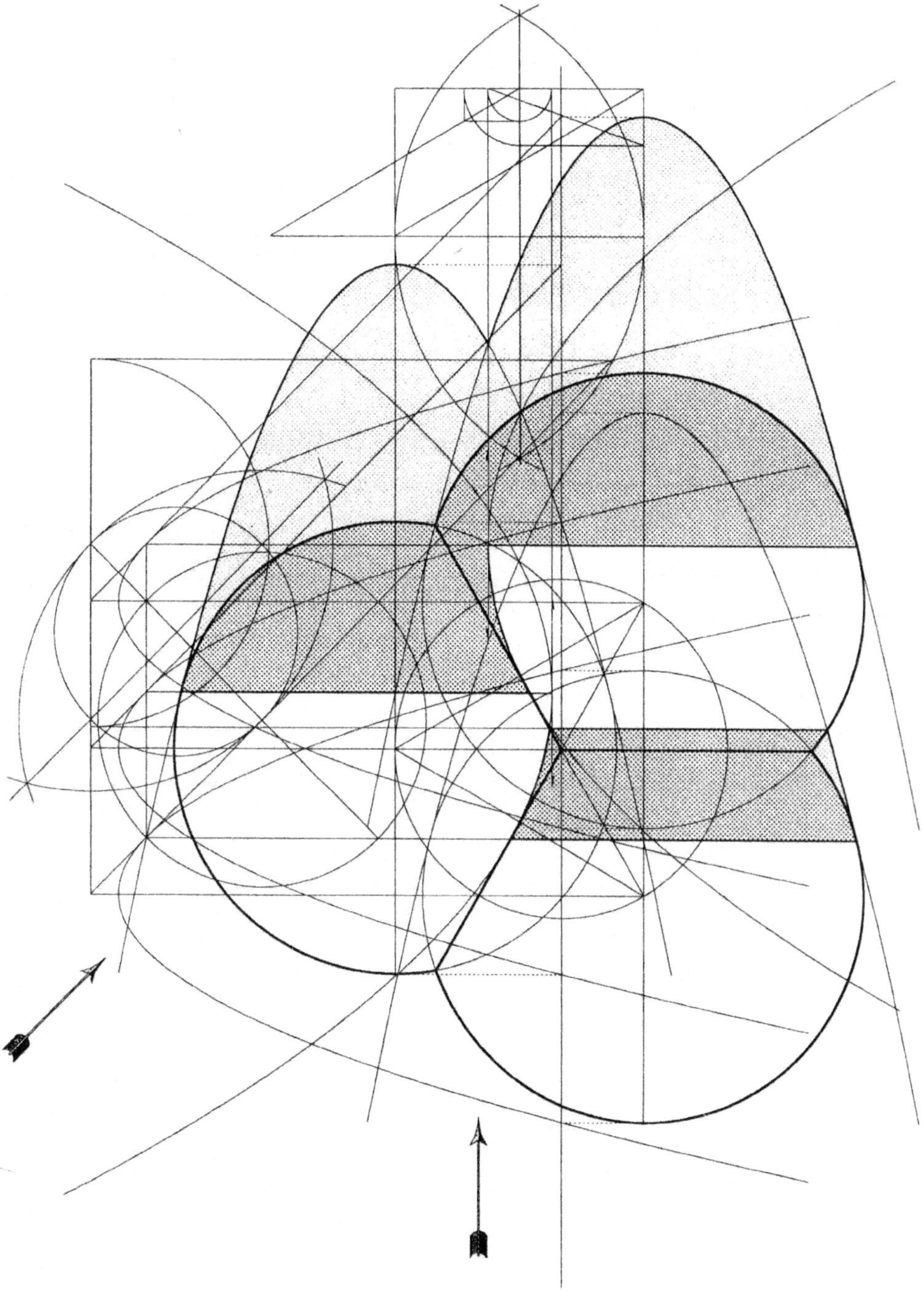

1903

Sphère et cône ayant pour base une strophoïde

La ligne de terre xx' est le petit axe de la feuille. L'unité est le centimètre.

On donne les points :

(S,S') (x = - 6 ; y = 12 ; z = 6),
(*a*,*a*') (x = - 10 ; y = 8 ; z = 0),
(o_1,o'_1) (x = 6 ; y = 0 ; z = 0).

On considère le cône de sommet (S,S'), et dont la base dans le plan horizontal est une strophoïde qui a pour sommet *a* et pour point double S.

Construire l'intersection de ce cône avec la sphère de centre (S,S'), ayant pour rayon 6. Le point o'_1 étant considéré comme un point du plan horizontal, définit l'intérieur du cône. Représenter le solide commun au cône et à la sphère.
Le même solide sera figuré dans une projection verticale auxiliaire, telle que o'_1 soit la nouvelle projection verticale du sommet du cône.

1903

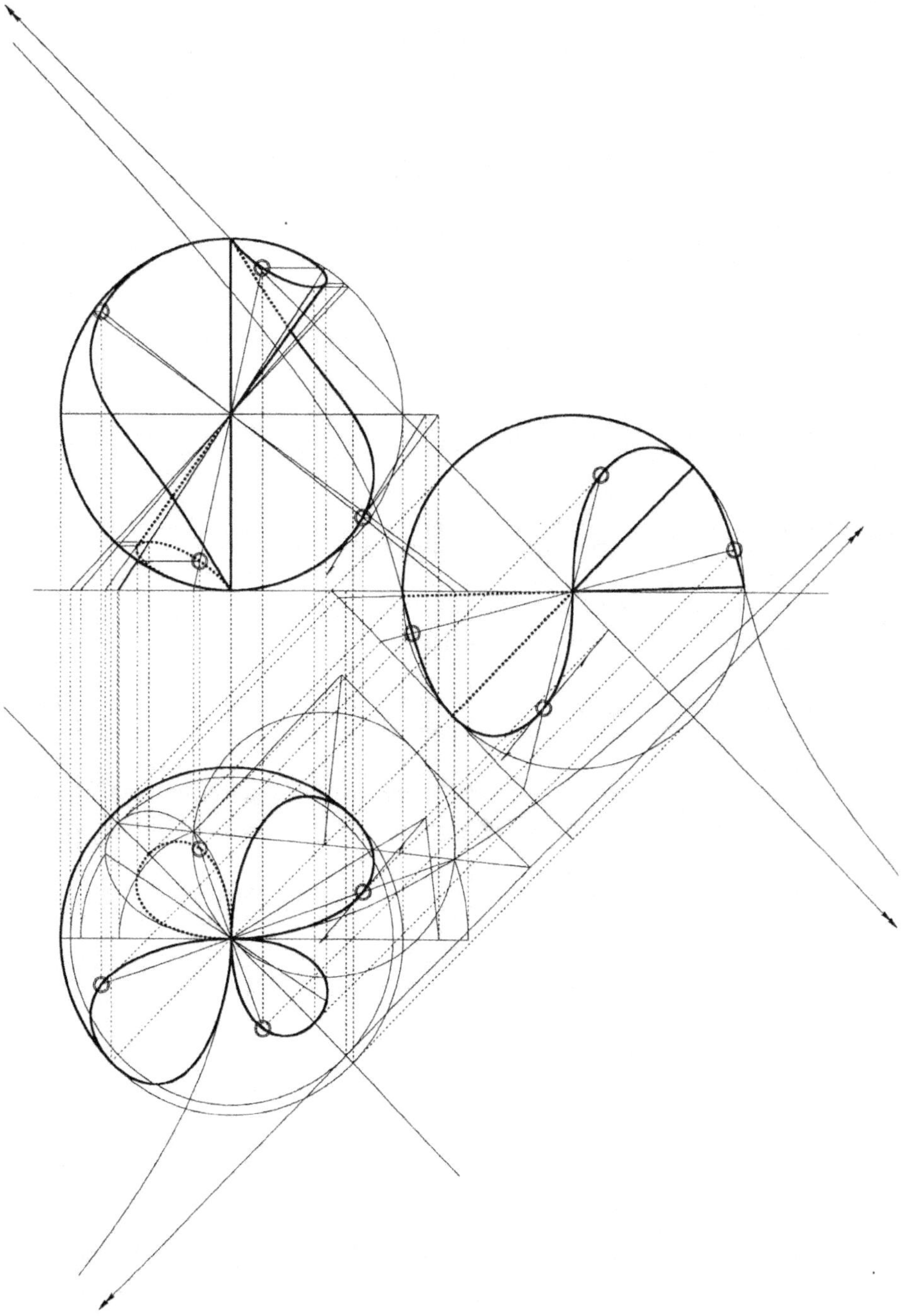

1902

Sphère évidée par un paraboloïde hyperbolique

La ligne de terre xx' est le petit axe de la feuille. L'unité est le centimètre.

On donne les points :

(*o,o'*) (x = 0 ; y = 10 ; z = 10),
(*a,a'*) (x = - 8 ; y = 18 ; z = 10),
(*f,f'*) (x = - 7 ; y = 17 ; z = 10).

On considère :

1) La sphère ayant pour centre (*o,o'*), et passant par le point (*a,a'*).

2) Le paraboloïde équilatère ayant pour sommet (*a,a'*). Une section principale de ce paraboloïde est horizontale et elle admet pour foyer (*f,f'*).

Le paraboloïde étant supposé primitivement solide en (*f,f'*), on représentera la partie solide de la sphère extérieure au paraboloïde.

On indiquera la construction d'un point courant avec sa tangente, ainsi que tous les points remarquables avec leur tangentes.

1902

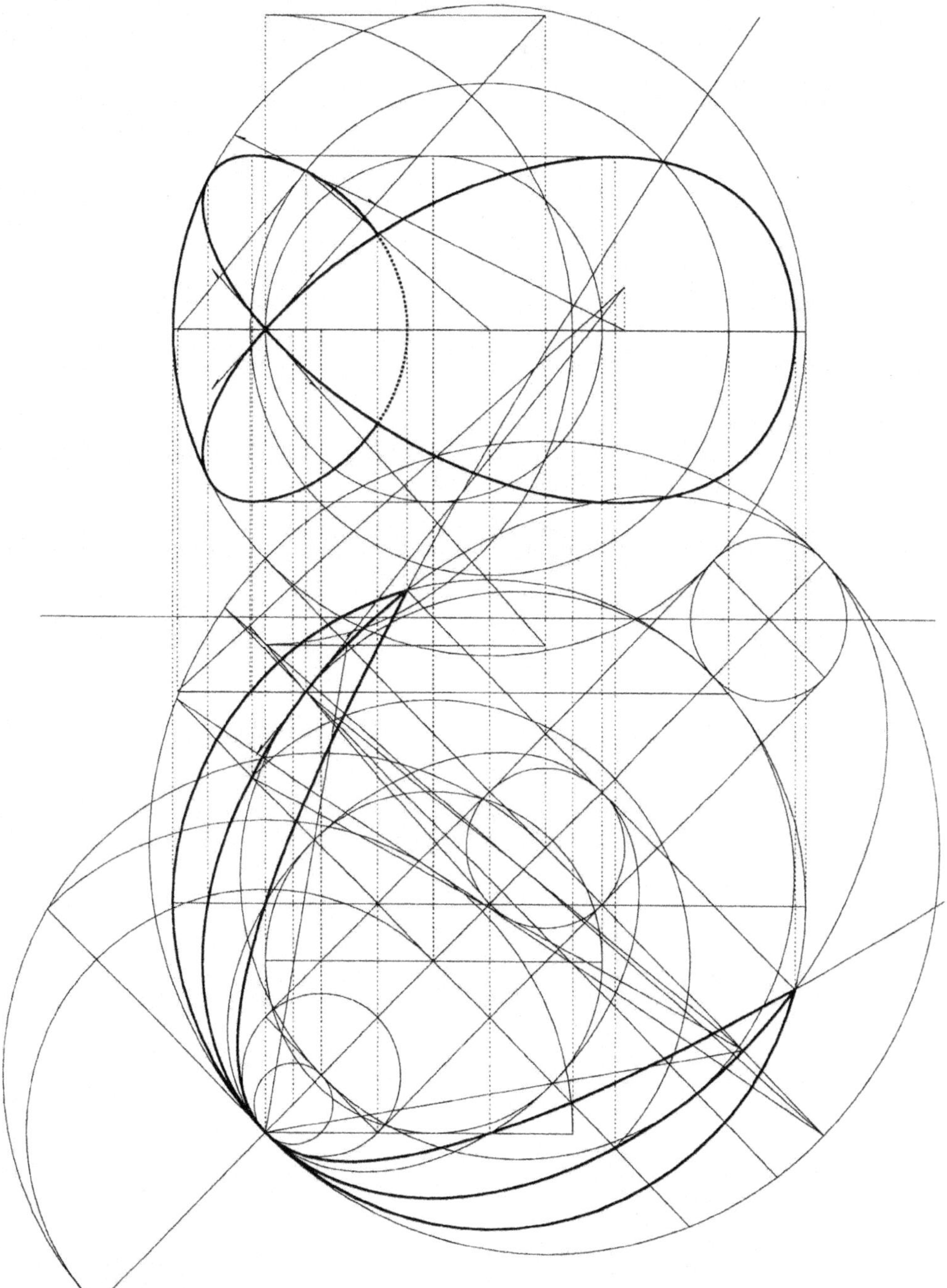

1901

Volume commun à deux cônes

La ligne de terre xx' est le petit axe de la feuille. L'unité est le centimètre.

Un premier cône a pour sommet le point (*s,s'*) (x = 0 ; y = 2 ; z = 12). Sa directrice dans le plan z = 6 est une circonférence ayant pour centre le point O(x = 0 ; y = 10) et pour rayon 8.

Un deuxième cône a pour sommet le point (s_1,s'_1) (x = 0 ; y = 6 ; z = 10). Sa base dans le plan horizontal x = 6 est une ellipse ayant pour centre le point 0 et pour sommets : (*a,a'*) (x = 8 ; y = 10) et (*b, b'*) (x = 0 ; y = 6).

1) On indiquera la construction d'un point quelconque de la courbe et sa tangente ainsi que les points remarquables.

2) Représenter le solide commun, les deux cônes étant illimités et les plans de projection transparents.

1901

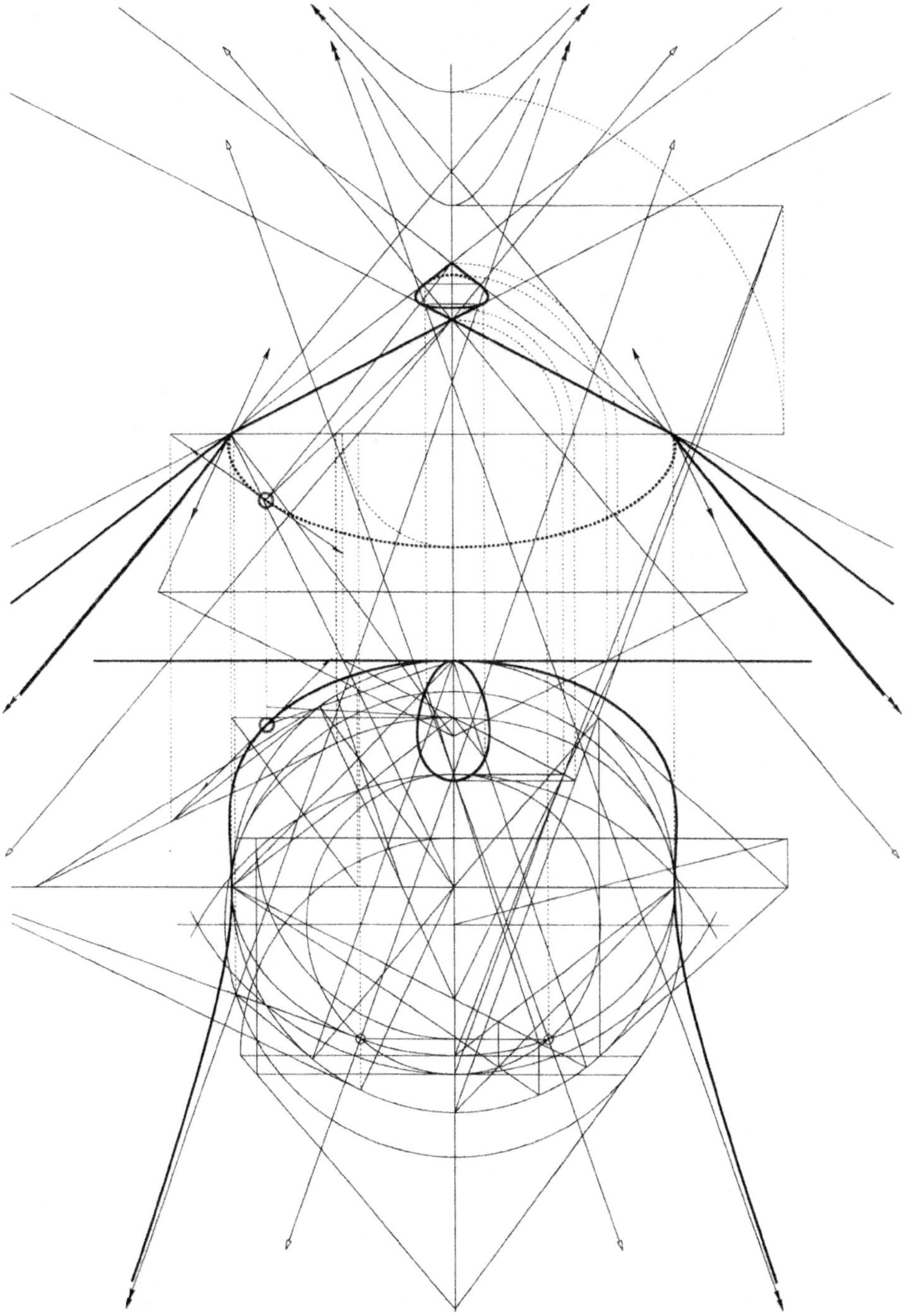

1900

Volume commun à un hyperboloïde de révolution et à un tore

La ligne de terre xx' est le petit axe de la feuille. L'unité est le centimètre.

Un tore à axe vertical, a son centre au point (o,o') ($x = 0$; $y = z = 10$). Le cercle méridien a son centre à 6 centimètres de l'axe du tore, et il a pour rayon 4 centimètres.

Un hyperboloïde de révolution à une nappe, a pour centre le centre du tore. L'axe de révolution est parallèle à la ligne de terre. Le rayon du cercle de gorge est de 2 centimètres. L'hyperbole méridienne de front est tangente au cercle méridien de front du tore.

Représenter le solide commun au tore et à l'hyperboloïde.

On calculera en degrés, l'angle de la tangente à la projection verticale de la courbe au point o' avec le plan horizontal.

1900

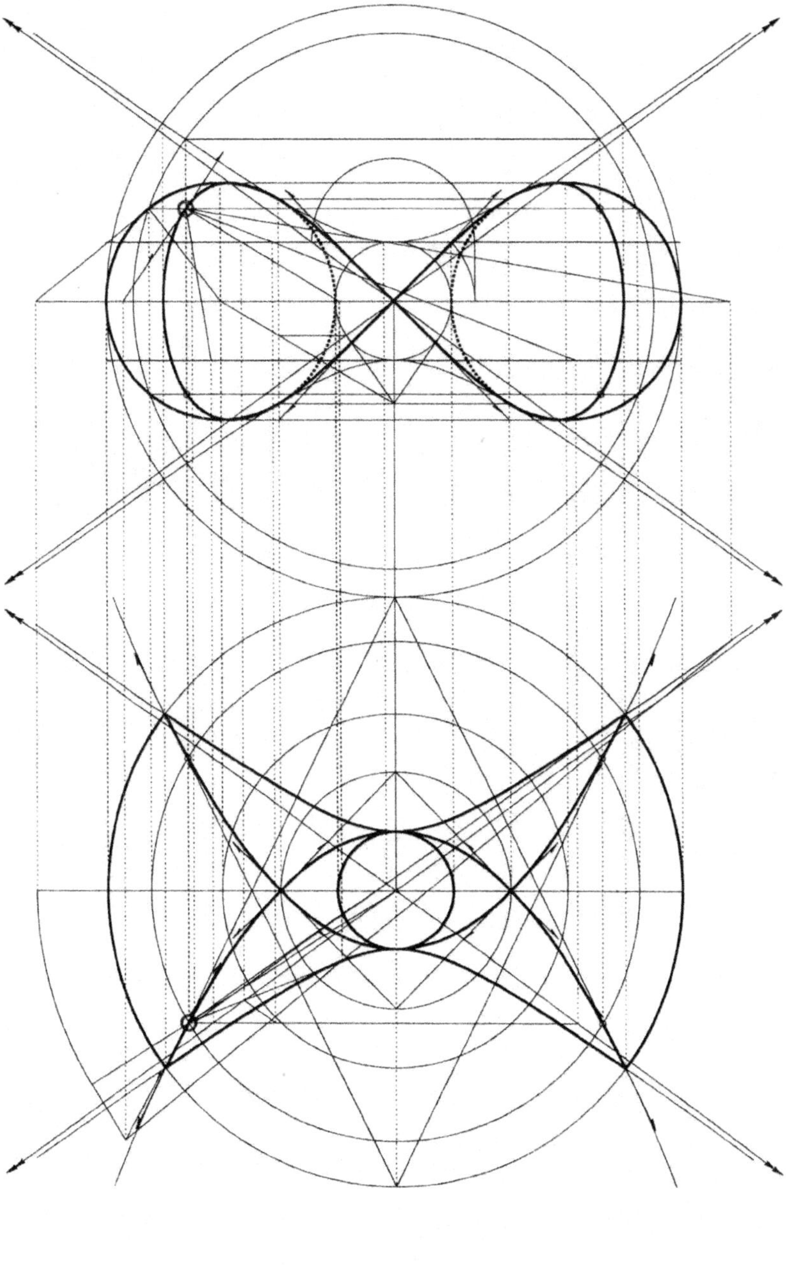

1899

Surface d'un paraboloïde hyperbolique extérieure à un cône

La ligne de terre xx' est le petit axe de la feuille. L'unité est le centimètre.

Un paraboloïde hyperbolique admettant comme section principale dans le plan horizontal z = 9, une parabole ayant pour sommet :

(x = -9 ; y = 11)

et pour foyer :

(x = -8 ; y = 11).

Ce paraboloïde passe par le point (*s,s'*) (x = -10 ; y = 11 ; z = 11).

Un cône a pour sommet le point (*s,s'*) et pour directrice dans le plan horizontal z = 9 une parabole ayant pour sommet :

(x = -8 ; y = 13)

et pour foyer :

(x = -9 ; y = 13).

Représenter la surface du paraboloïde extérieure au cône.

1899

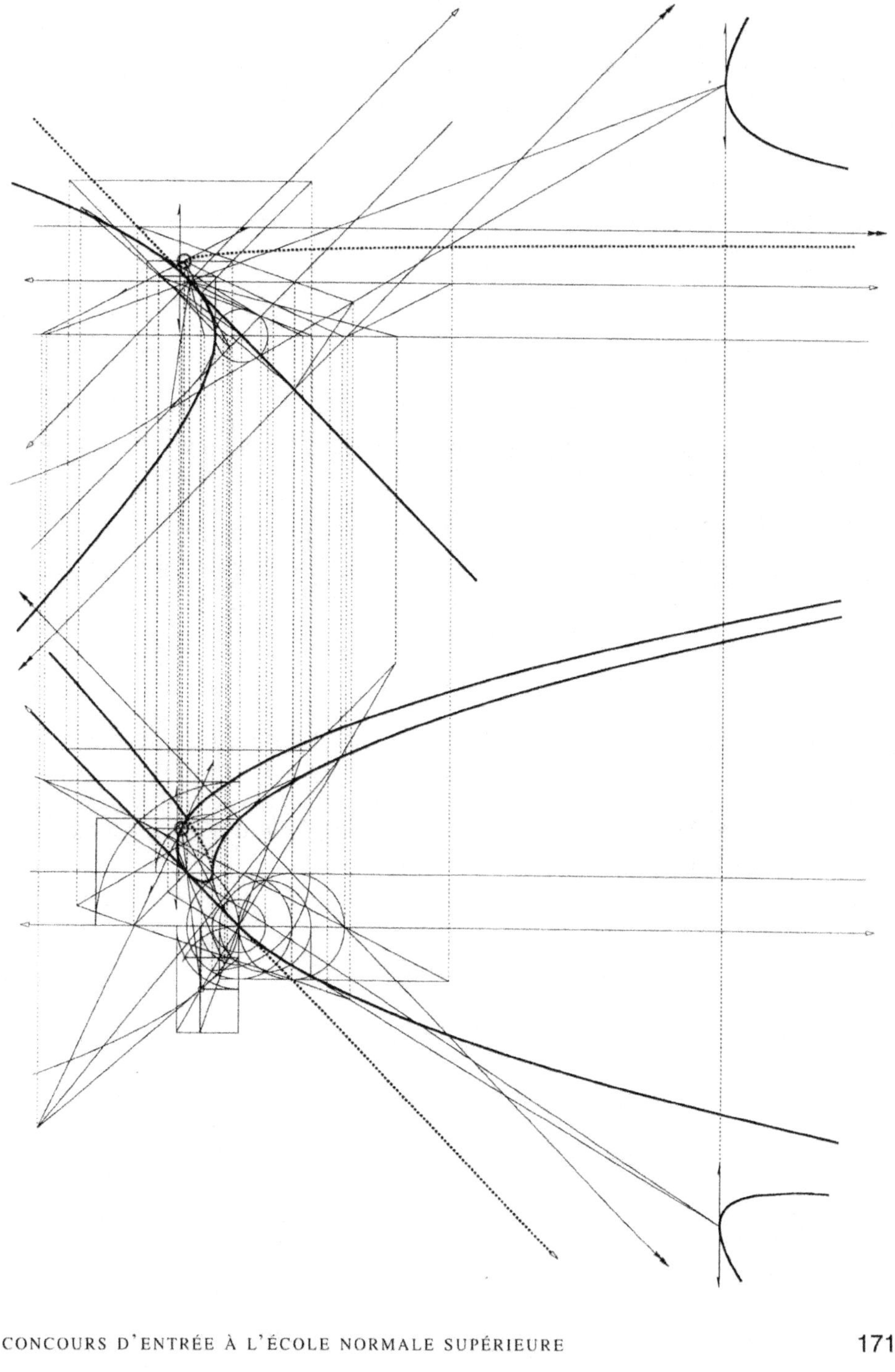

1898

Sphère entaillée par un hyperboloïde de révolution à une nappe

La ligne de terre x'x est le petit axe de la feuille. L'unité est le centimètre.

On donne :

1) Une sphère S ayant pour centre *oo'* (x = 0 ; y = 10 ; z = 9) et pour rayon 9.

2) Un cône de révolution C ayant pour sommet (x = 0 ; y = 10 ; z = 18). Son axe est parallèle à la ligne de terre, les génératrices faisant avec l'axe un angle de 45°.

Soit I l'intersection de ces deux surfaces. On fait tourner cette courbe I autour de la parallèle à la ligne de terre (y = 0 ; z = 15) ; elle engendre une surface de révolution H.

Représenter la partie solide de la sphère extérieure à cette nouvelle surface H. On calculera :

1) En degrés l'angle des asymptotes de la méridienne de H avec l'axe de cette surface.

2) Les coordonnées des points de la courbe I pour lesquels la tangente est de front, en prenant comme origine le centre de la sphère.

1898

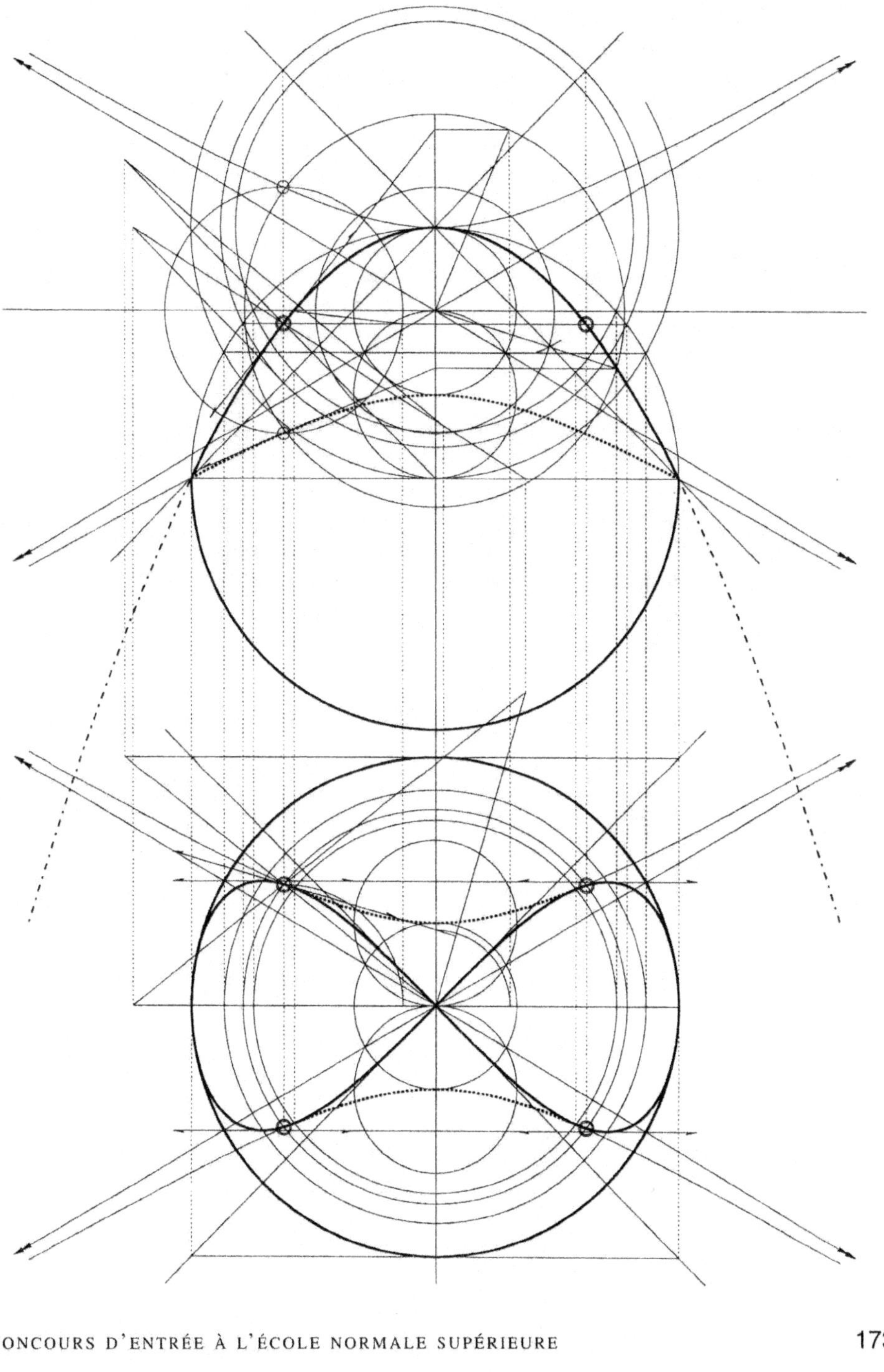

1897

Volume commun à deux tores

On donne une sphère de centre (ω, ω') (x = 0 ; y = 14 ; z = 10) ayant pour rayon 4 centimètres. En tournant autour de la verticale o (x = 0 ; y = 6), elle a pour enveloppe un tore T_1. Soient S_1 et S_2 les deux positions de la sphère ω tournant autour de la verticale o et tangentes extérieurement à la sphère primitive ω.

On fait tourner ces deux nouvelles sphères S_1 et S_2, autour de la ligne de bout ω' (x = 0 ; z = 10). Elles ont pour enveloppe un nouveau tore T_2.

Représenter le solide commun aux deux tores T_1 et T_2.

On calculera à un dixième de millimètre près, les coordonnées des points de contact des deux surfaces, en prenant comme axe des z l'axe du tore T_1, comme axe des y la ligne de bout du centre o,o' de ce tore et comme axe des x la perpendiculaire au plan yoz menée par le même centre.

1897

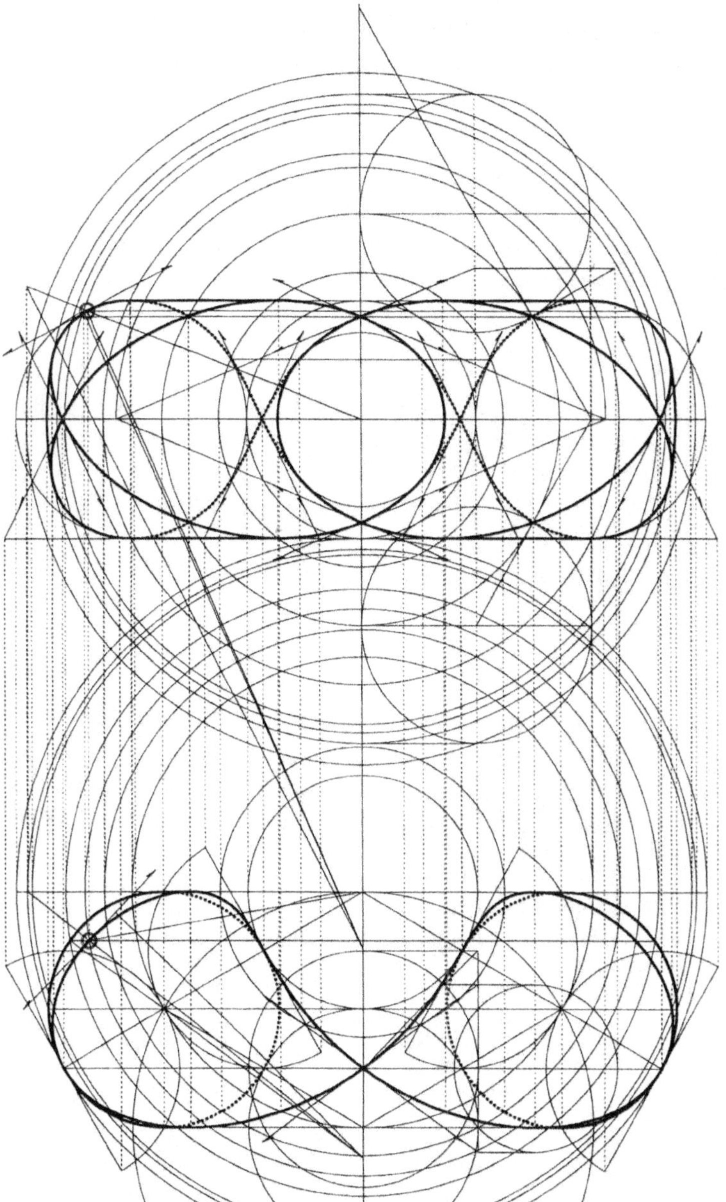

1896

Surface d'un hyperboloïde de révolution, entaillée par un hyperboloïde elliptique

On prendra comme origine le centre de la feuille, comme axe des x, ou ligne de terre, le petit axe de la feuille, comme axe des y une ligne de bout, l'axe des z étant vertical. L'unité est le centimètre.

On donne :

1) Un hyperboloïde de révolution S à axe vertical *o* (x = 0 ; y = 10), ayant pour génératrice principale la droite AA', passant par *aa'* (x = 0 ; y = 14 ; z = 10) et par $\alpha\alpha'$ (x = -10 ; y = 14 ; z = 0).

2) Un hyperboloïde S_1 ayant pour directrices :

a) - AA' ;

b) - BB', qui passe par *oo'* (x = 0 ; y = 10 ; z = 10) et par $\beta\beta'$ (x = 10 ; y = 10 ; z = 0) ;

c) - La ligne debout *cc'* (x = -2 ; z = 6).

Représenter la surface opaque de l'hyperboloïde de révolution S contenue dans l'hyperboloïde S_1.

On vérifiera numériquement les directions des asymptotes de l'intersection, en calculant les angles de leurs projection horizontales avec la ligne de terre.

1896

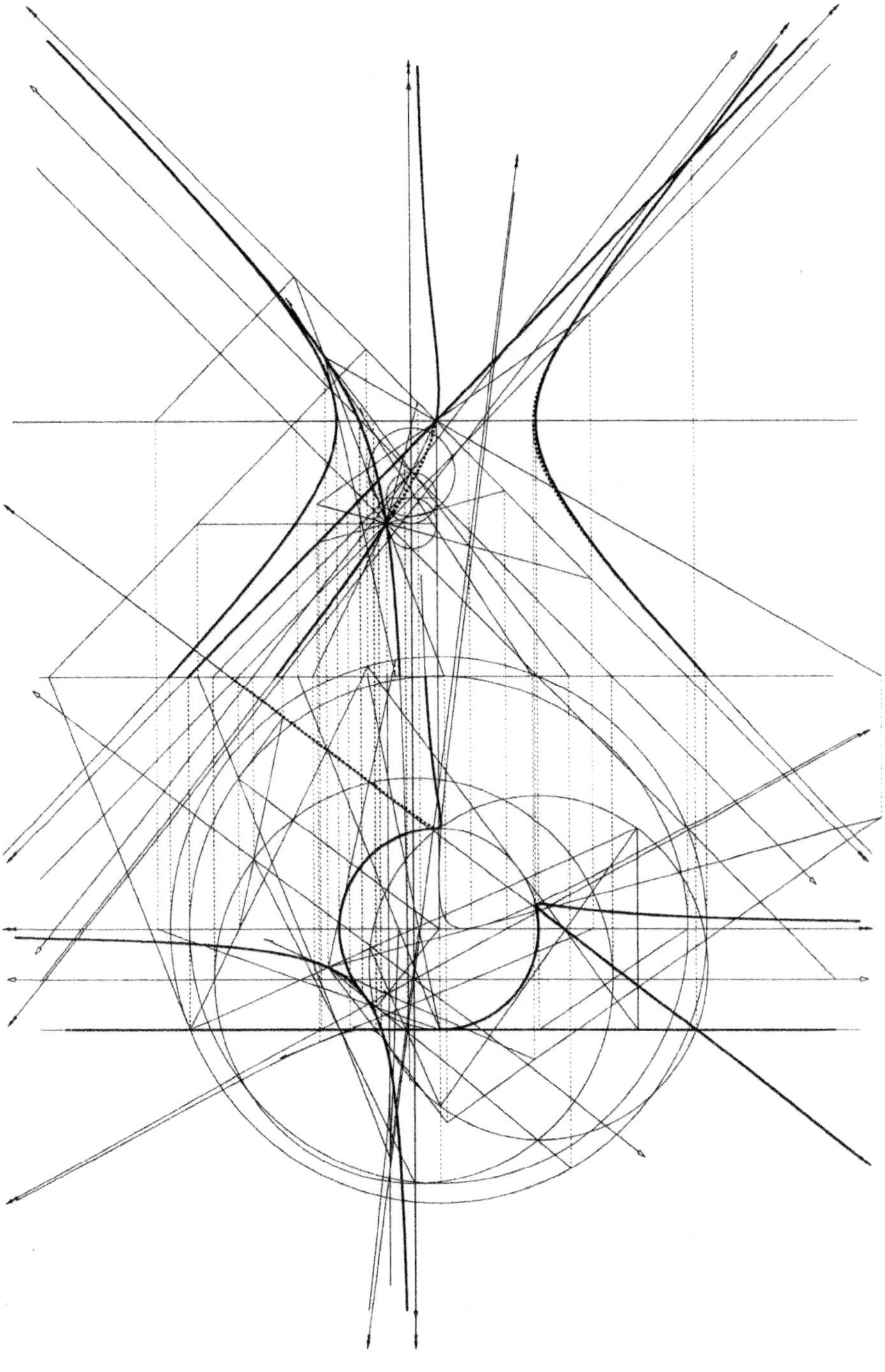

1895

Volume commun à un tore et à un cône

L'unité est le centimètre. On donne le triangle *soa, s'o'a'*

ss' (x = 2 ; y = 10 ; z = 10)

oo' (x = -6 ; y = 4 ; z = 10)

aa' (x = 4 ; y = 4 ; z = 10)

Le point *ss'* est le sommet d'un cône admettant pour plan principal le plan horizontal *s'*, pour axe la droite *so, s'o'* ; pour génératrice principale *sa, s'a'* et pour base dans le plan de front *oa* une certaine circonférence *cc'* qui est déterminée.

On considère d'autre part le tore engendré par cette même circonférence *cc'* en tournant autour de la verticale *o*.

Représenter le solide commun au tore et au cône.

1895

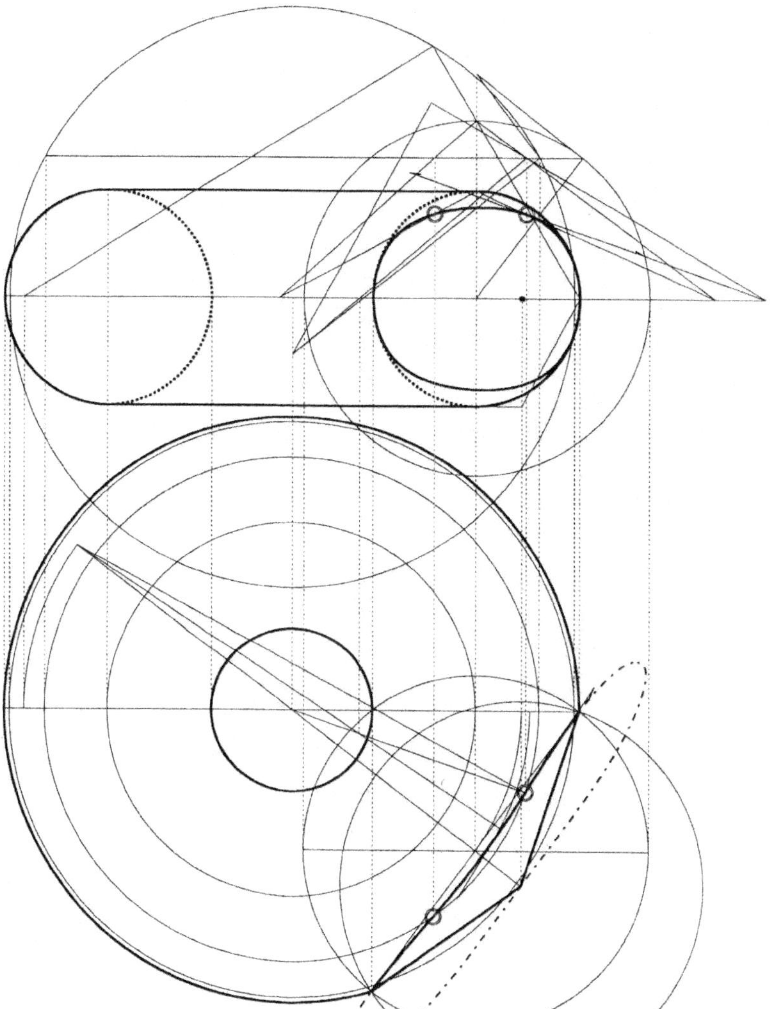

1894

Surface d'un tore intérieure à un autre tore

L'unité est le centimètre. On donne les points :

aa' (x = -10 ; y = 10 ; z = 16)

bb' (x = -2 ; y = 10 ; z = 8)

1) Dans le plan de front *ab* on considère la circonférence décrite sur *ab a'b'* comme diamètre. C'est la méridienne principale d'un tore ayant pour axe la verticale *o* (x = 0 ; y = 10).

2) Dans le plan de bout *a'b'* on considère la circonférence décrite sur *ab a'b'* comme diamètre. C'est la méridienne d'un tore ayant pour axe *ω'* (x = 0 ; z = 6).

Représenter la surface du tore d'axe vertical contenue dans le tore d'axe de bout.

1894

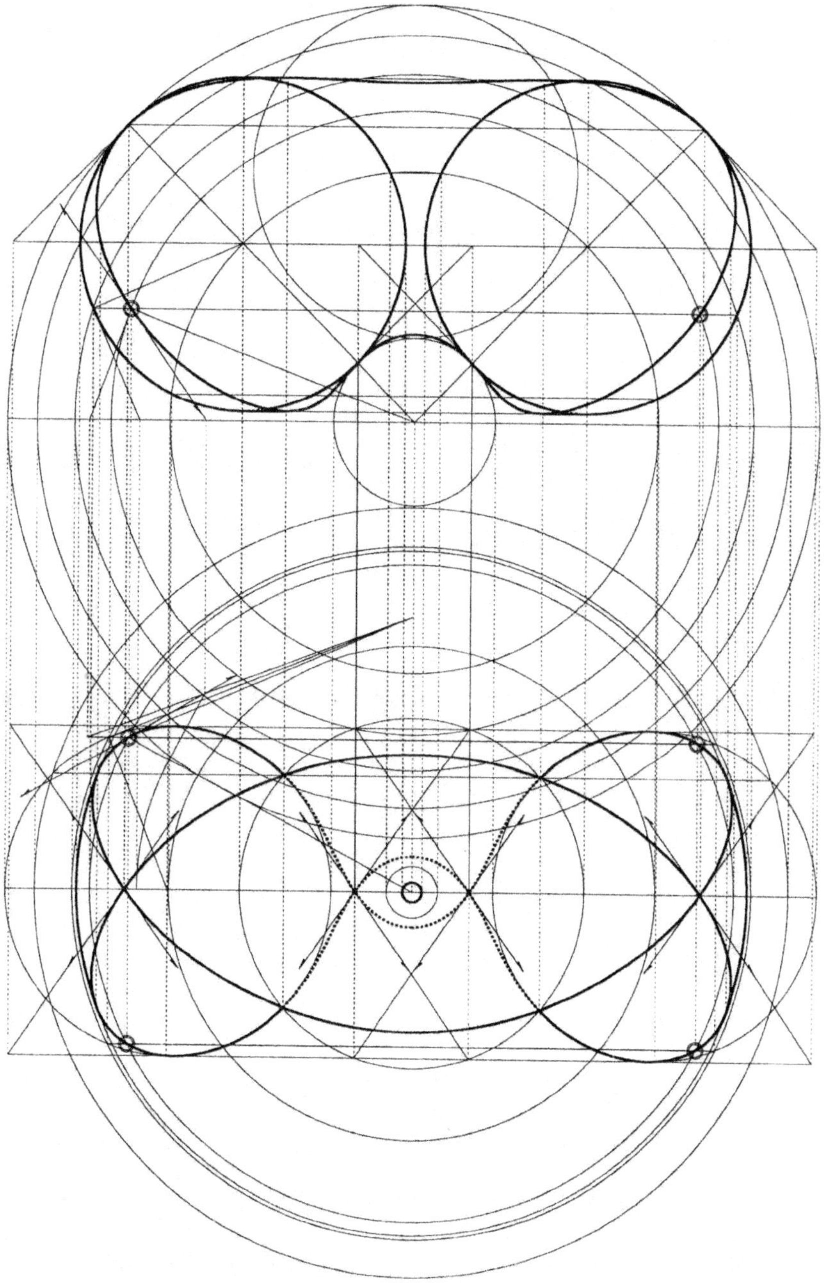

1893

Surface de révolution du quatrième degré coupée par un plan

L'unité est le centimètre. On donne un axe vertical *o*, ($x = 0$; $y = 10$) et une parabole dont la projection horizontale P a pour sommet ($x = -5$; $y = 12$) et pour foyer

$x = -4$; $y = 12$.

La projection verticale P' de cette parabole est une droite passant par le point $x = -5$, $z = 0$ et par le point : $x = 0$; $y = 5$.

1) Déterminer la méridienne principale de la surface de révolution engendrée par la parabole PP' et tournant autour de la verticale *o*.

2) Construire la section de cette surface par le plan de front F : $y = 10 + 4\sqrt{2}$

3) Établir la ponctuation de la même surface, en ne conservant que la région derrière le plan de front F et au-dessous du plan horizontal $z = 10$.

4) On établira en même temps la ponctuation de la parabole PP' sur cette région de surface.

1893

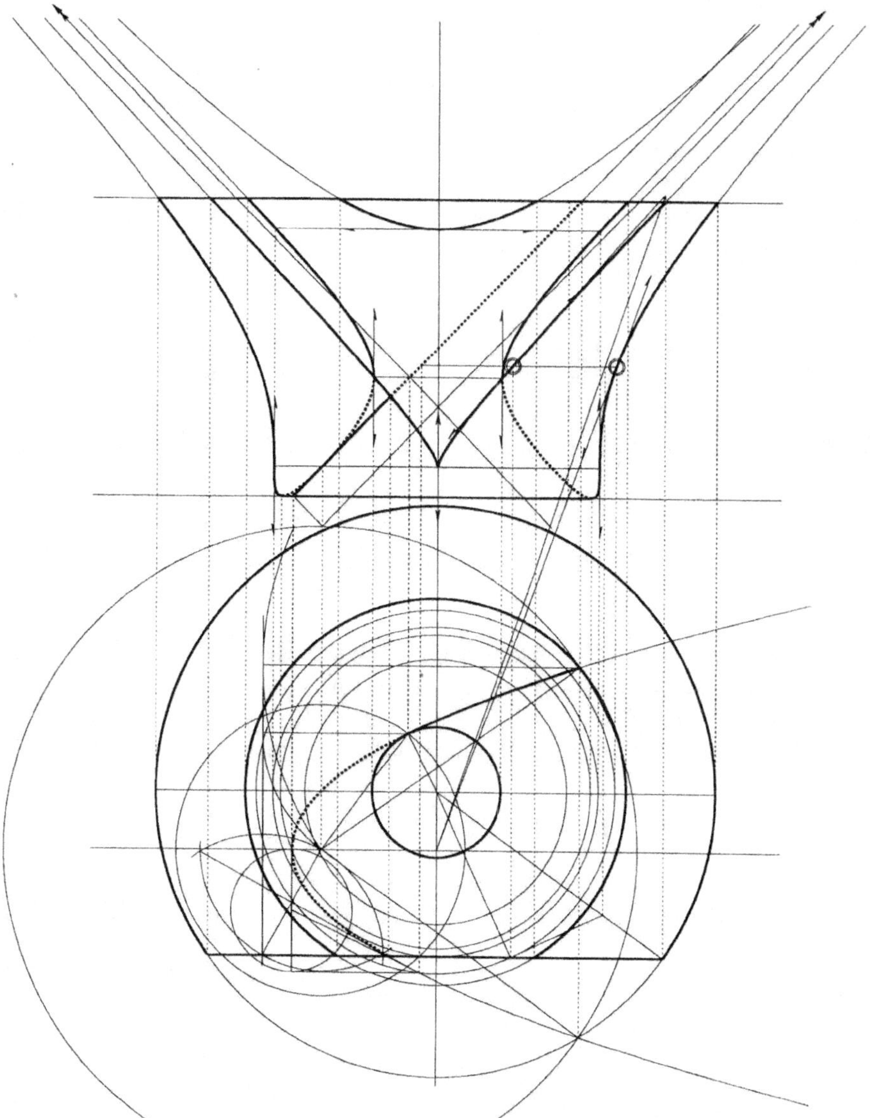

1892

Volume commun à un hyperboloïde et à un cône

On prendra comme ligne de terre le petit axe de la feuille. L'unité est le centimètre.

Un tétraèdre régulier SABC S'A'B'C' repose sur la face ABC A'B'C' sur le plan horizontal. Cette face a pour centre le point :

S (x = 2 ; y = 10)

et pour sommet :

A (x = -11 ; y = 10)

On considère :

1) Le cône de révolution ayant pour sommet AA' et pour base la circonférence inscrite dans la face opposée SBC S'B'C'.

2) La surface gauche de révolution engendrée par les arêtes (SB S'B'), (SC S'C') en tournant autour de la verticale menée par le centre de la face (SBC) (S'B'C').

Représenter dans les deux projections, le solide commun au cône et à l'hyperboloïde.

1892

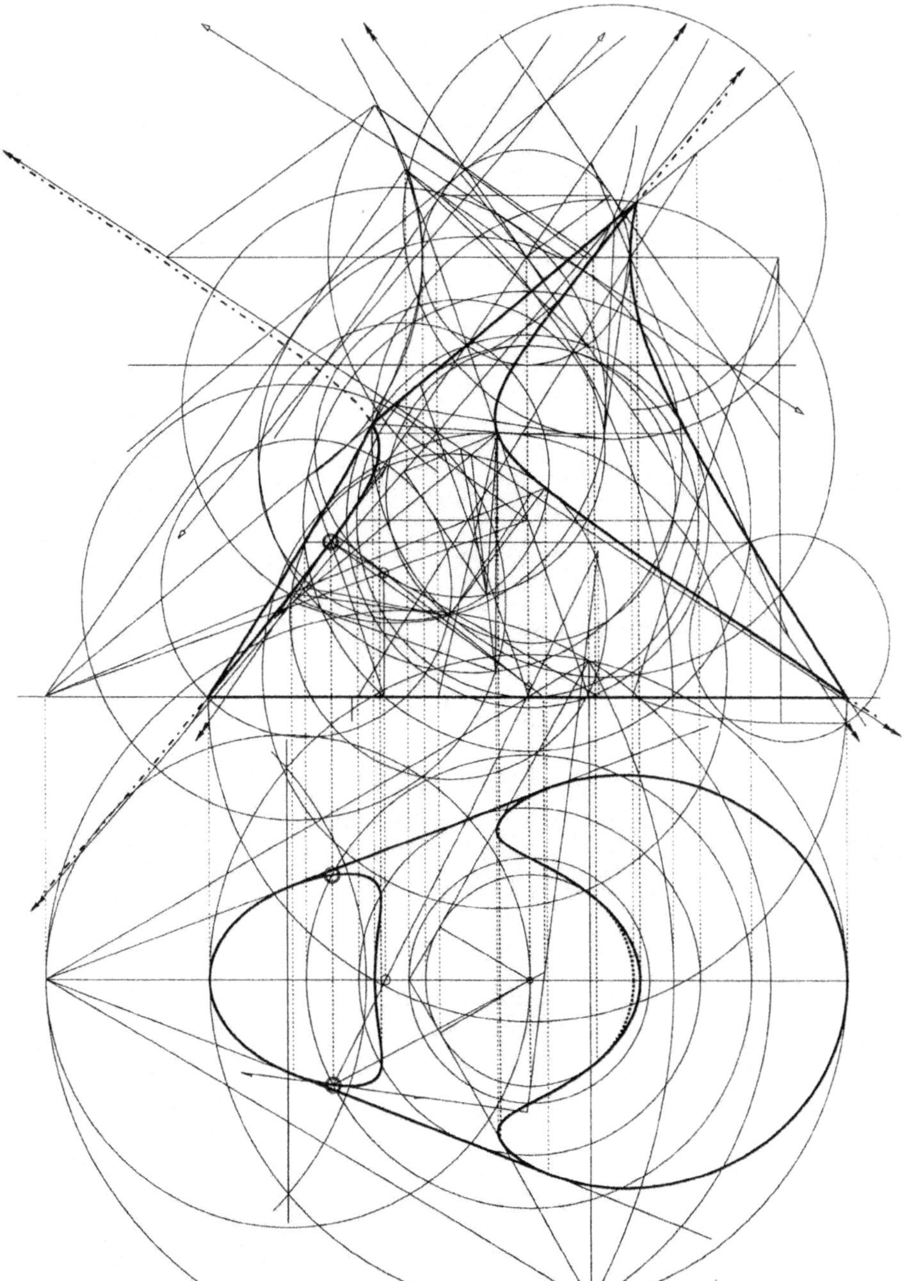

1891

Volume commun à un cône et à un cylindre parabolique

La ligne de terre xx' est le petit axe de la feuille. L'unité est le centimètre.

Un cône a pour base dans le plan horizontal une parabole ayant pour sommet le point :

α (x = -4 ; y = 8),

et pour foyer le point :

ϕ (x = -3 ; y = 8).

Le sommet du cône est le point *ss'* (x = -4 ; y = 8 ; z = 4).

Un cylindre a pour base dans le plan horizontal une autre parabole de sommet :

a (x = 1 ; y = 10),

et pour foyer :

f (x = 0 ; y = 10) ;

la génératrice issue du sommet *a* passe par le point *b* (x = -4 ; y = 10 ; z = 3).

Représenter le solide commun au cône et au cylindre en supposant les plans de projection transparents. Indiquer à l'encre la construction pour obtenir un point, la tangente en ce point, et tous les points remarquables.

1891

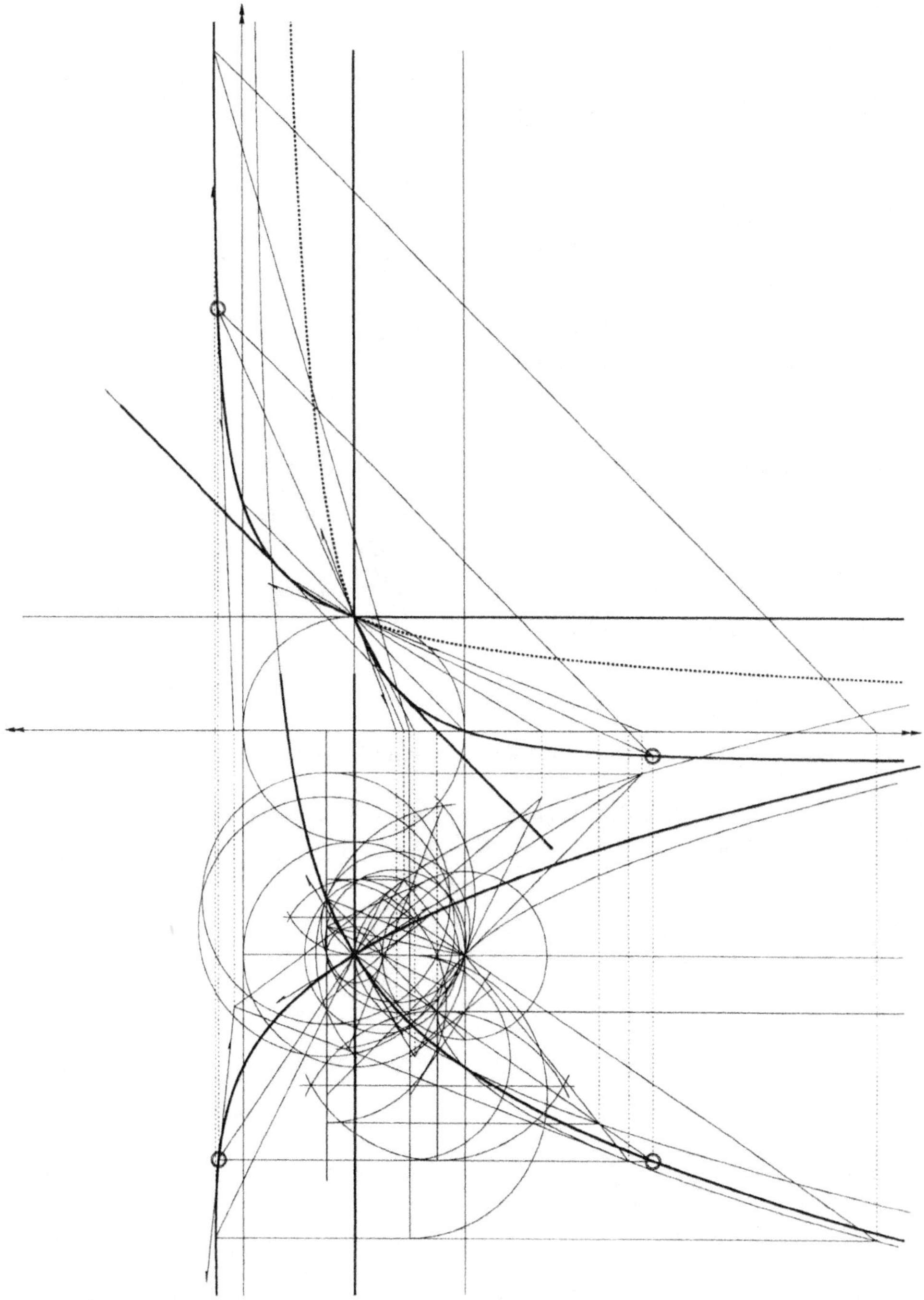

1890

Surface de révolution engendrée par une ellipse

La ligne de terre xx' est le petit axe de la feuille. L'unité est le centimètre.

Trouver la méridienne principale d'une surface de révolution. L'axe de révolution passe par les points :

$\alpha\alpha'$ (x = 0 ; y = 10 ; z = 7),
$\beta\beta'$ (x = -7 ; y = 10 ; z = 0).

La courbe qui décrit la surface est une ellipse, contenue dans le plan horizontal z = 7. Sa projection horizontale a pour sommets opposés les points :

a (x = 0 ; y = 10)
b (x = 6 ; y = 16).

Elle passe de plus par le point c (x = 9 ; y = 10).

On établira la ponctuation de la surface engendrée, seulement en projection verticale.
Faire les constructions pour un point quelconque, la tangente en ce point, et les points remarquables.

1890

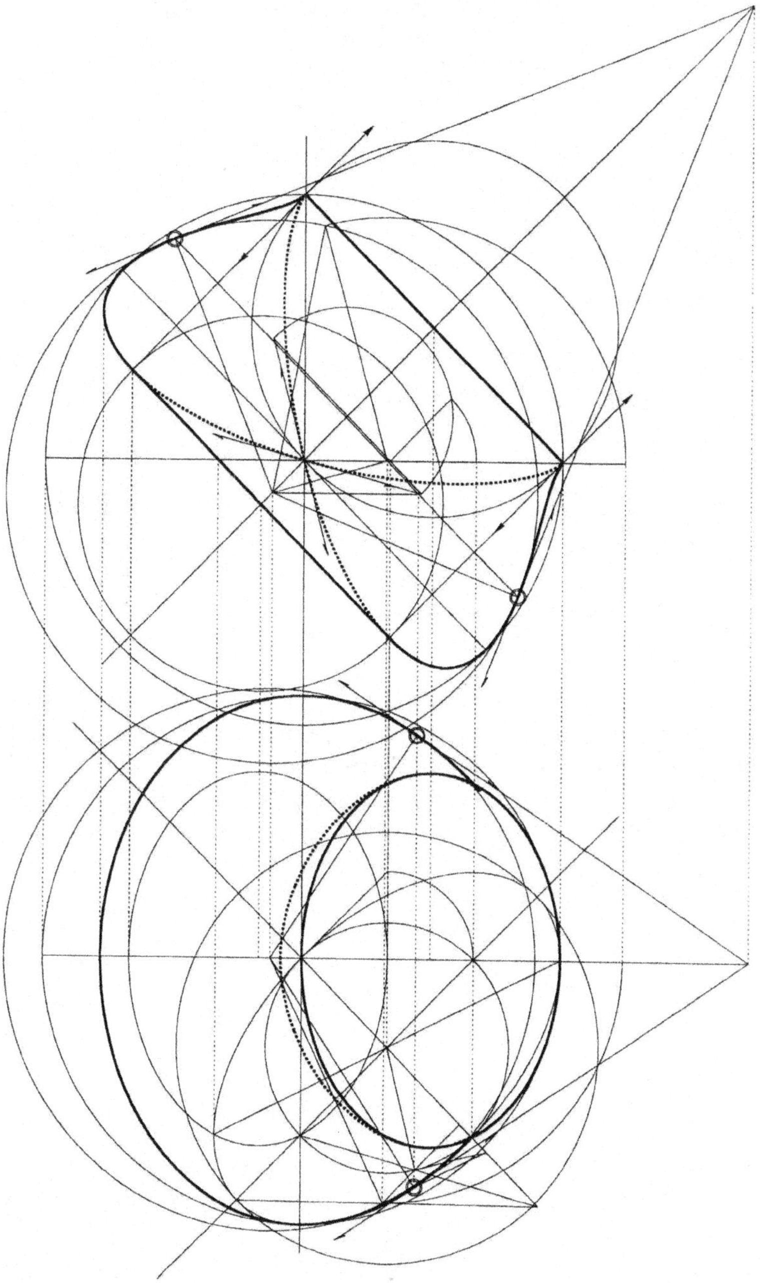

1887

Ellipsoïde allongé entaillé par un paraboloïde hyperbolique

1) Représenter le solide commun à un ellipsoïde de révolution et à un paraboloïde hyperbolique.

L'ellipsoïde a pour centre *oo'* (x = -7 ; y = 10 ; z = 9).

L'axe de révolution vertical a pour demi-longueur 9 centimètres et le rayon de l'équateur est égal à 5 centimètres.

Le paraboloïde a pour directrices :

a) L'axe de l'ellipsoïde

b) La droite *ab a'b'* passant par les points :

aa' (x = -7 ; y = 15 ; z = 18)
bb' (x = 11 ; y = 15 ; z = 0).

Le plan directeur du paraboloïde est le plan horizontal. On suppose que le point x = 0, y = 0, z = 0 est à l'intérieur du paraboloïde.

2) Trouver l'ombre propre et l'ombre portée par ce solide sur le plan horizontal, en supposant les rayons lumineux parallèles à *ab a'b'*.

1887

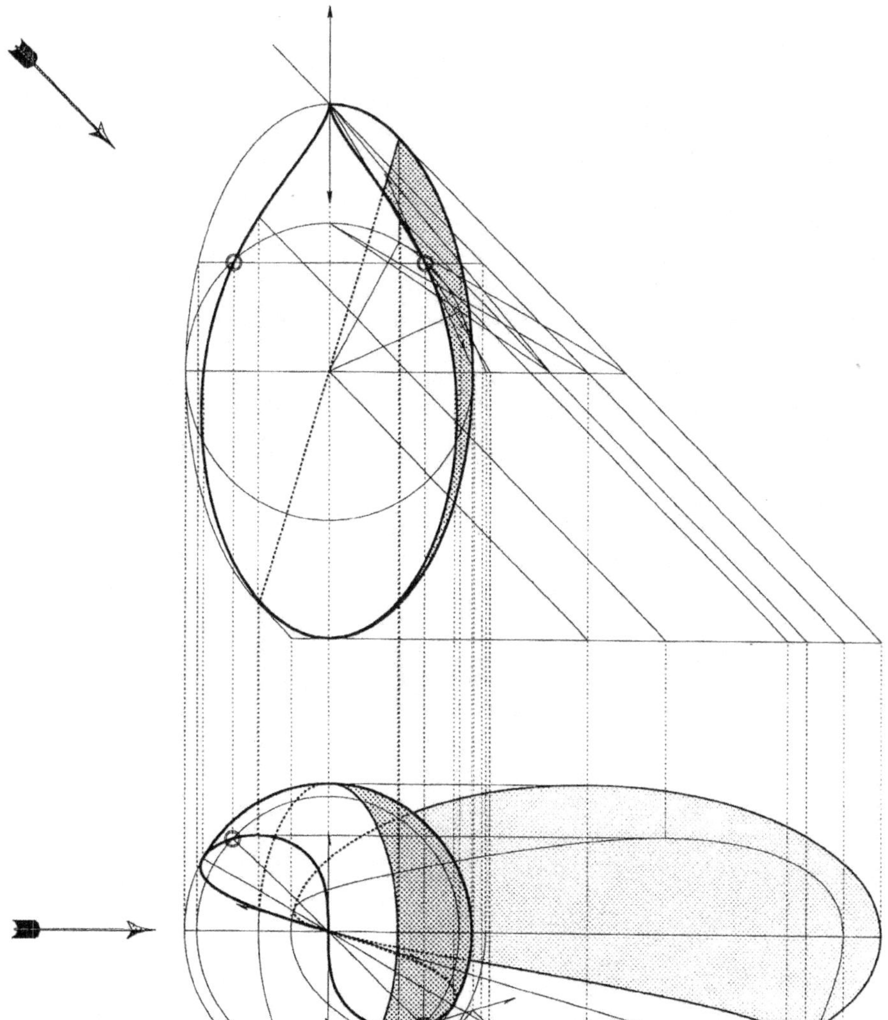

1886

Volume commun à un hyperboloïde de révolution et à un cône de révolution

Un hyperboloïde a pour centre le point (x = 0 ; y = 10 ; z = 8). Son axe de révolution passe par le point (x = 8 ; y = 10 ; z = 0). La méridienne principale a pour sommet le point (x = 2 ; z = 10).

Le cône a pour sommet le point (x = 0 ; y = 10 ; z = 10). Son axe de révolution passe par le point (x = 4 ; y = 10 ; z = 8).

Le cône et l'hyperboloïde admettent chacun une génératrice verticale.

Représenter le solide commun.

1886

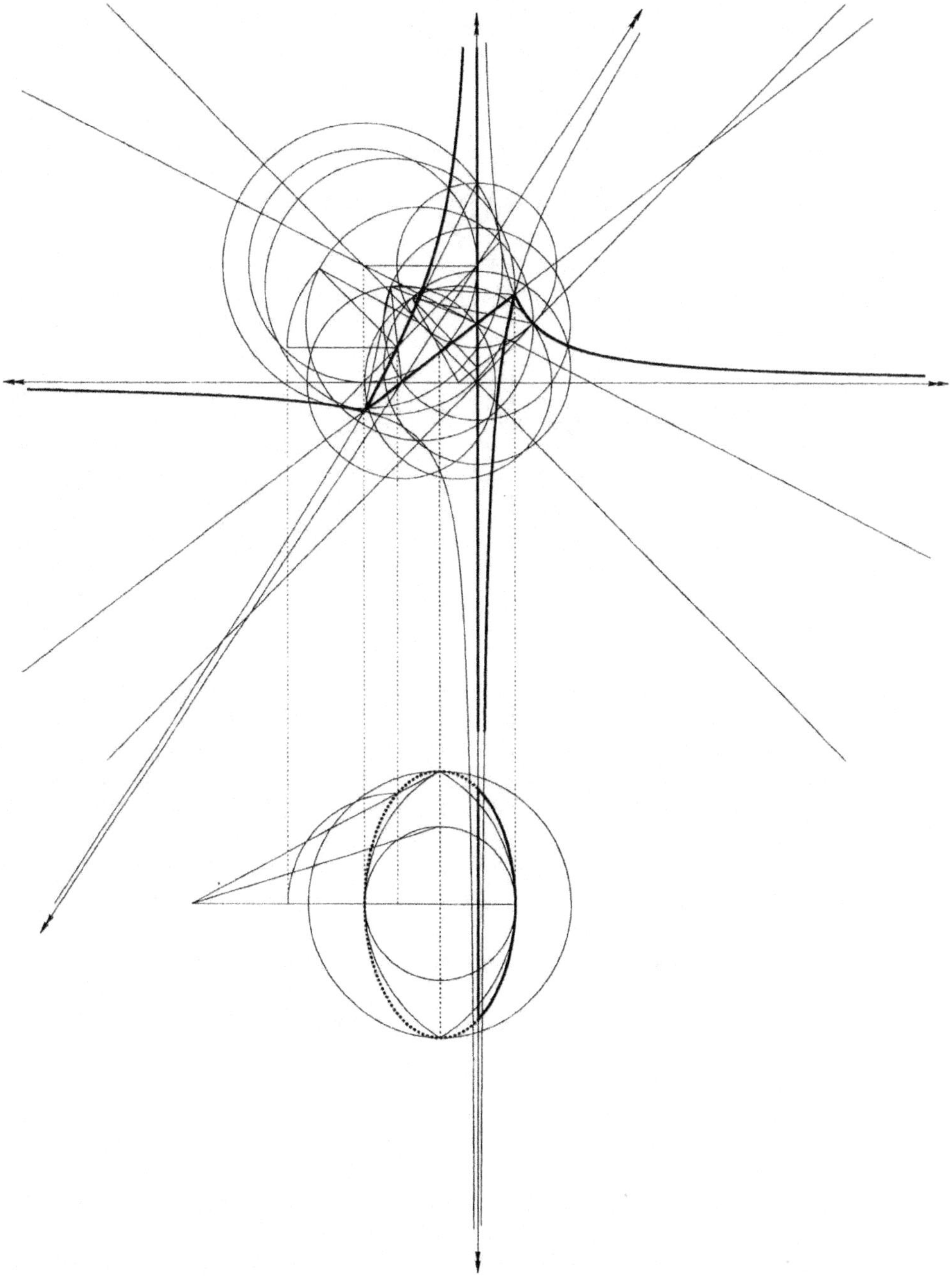

1885

Sphère entaillée par un cône de révolution

Représenter la partie solide d'une sphère extérieure à un cône de révolution.

La sphère a pour centre le point *oo'* (x = 0 ; y = 10 ; z = 10). Elle passe par le sommet du cône *ss'* (x = 0 ; y = 16 ; z = 16). L'axe du cône passe par le point :

(x = 0 ; y = 10 ; z = 22).

Ses génératrices font avec l'axe un angle 45°.

1885

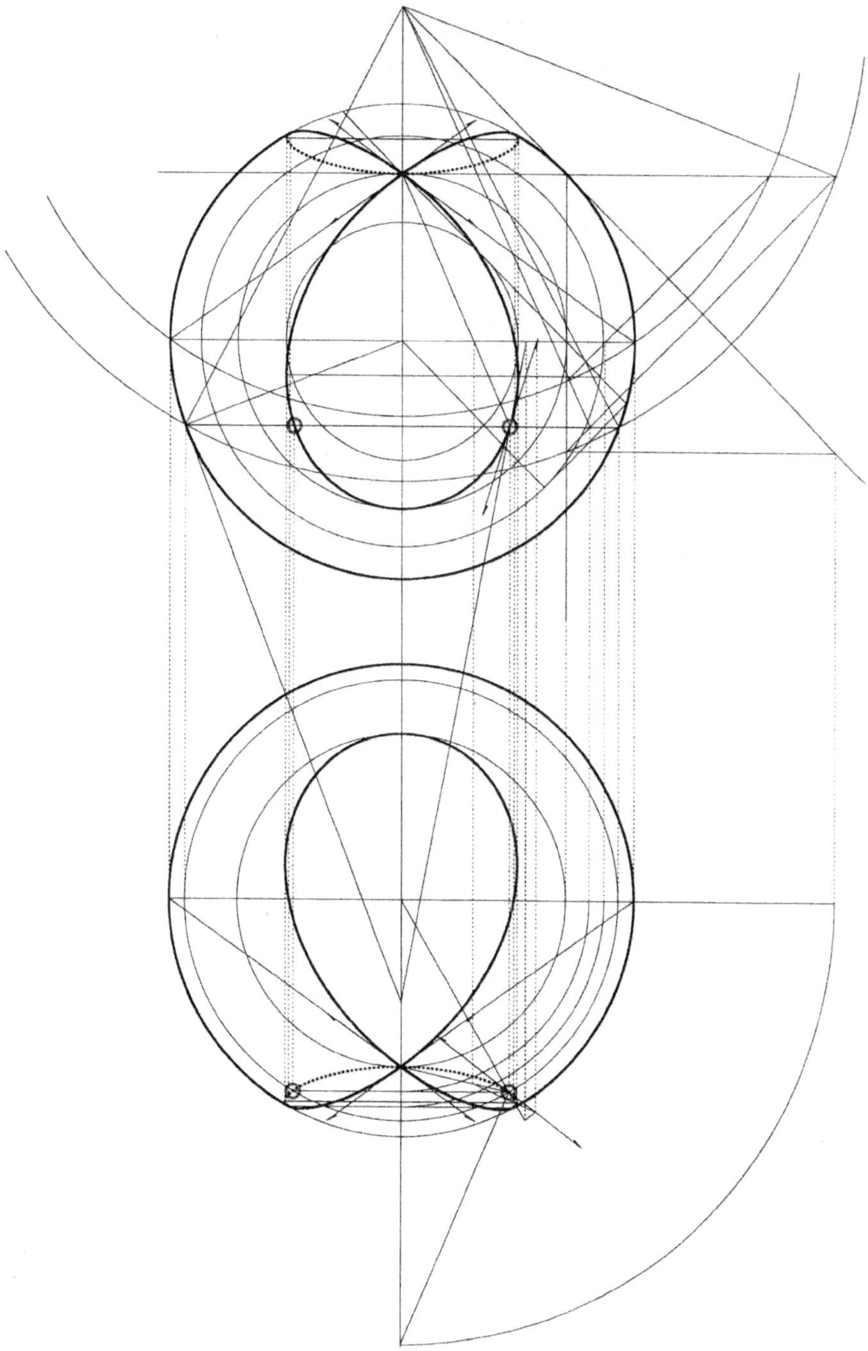

1883

Cône entaillé par un cylindre parabolique

Un cône a pour base dans le plan horizontal une circonférence, ayant pour centre le point (x = -4 ; y = 8) et pour rayon 4 centimètres. Le sommet du cône est le point :

ss' (x = 0 ; y = 0 ; z = 4).

Le cylindre a pour base dans le plan horizontal, une parabole ayant pour sommet :

aa' (x = -2 ; y = 6),

et pour foyer (x = -1 ; y = 7).

Les génératrices du cylindre sont parallèles à la droite (*sa, s'a'*).

Représenter la partie solide du cône extérieure au cylindre, le plan horizontal est supposé opaque et le plan vertical transparent.

1883

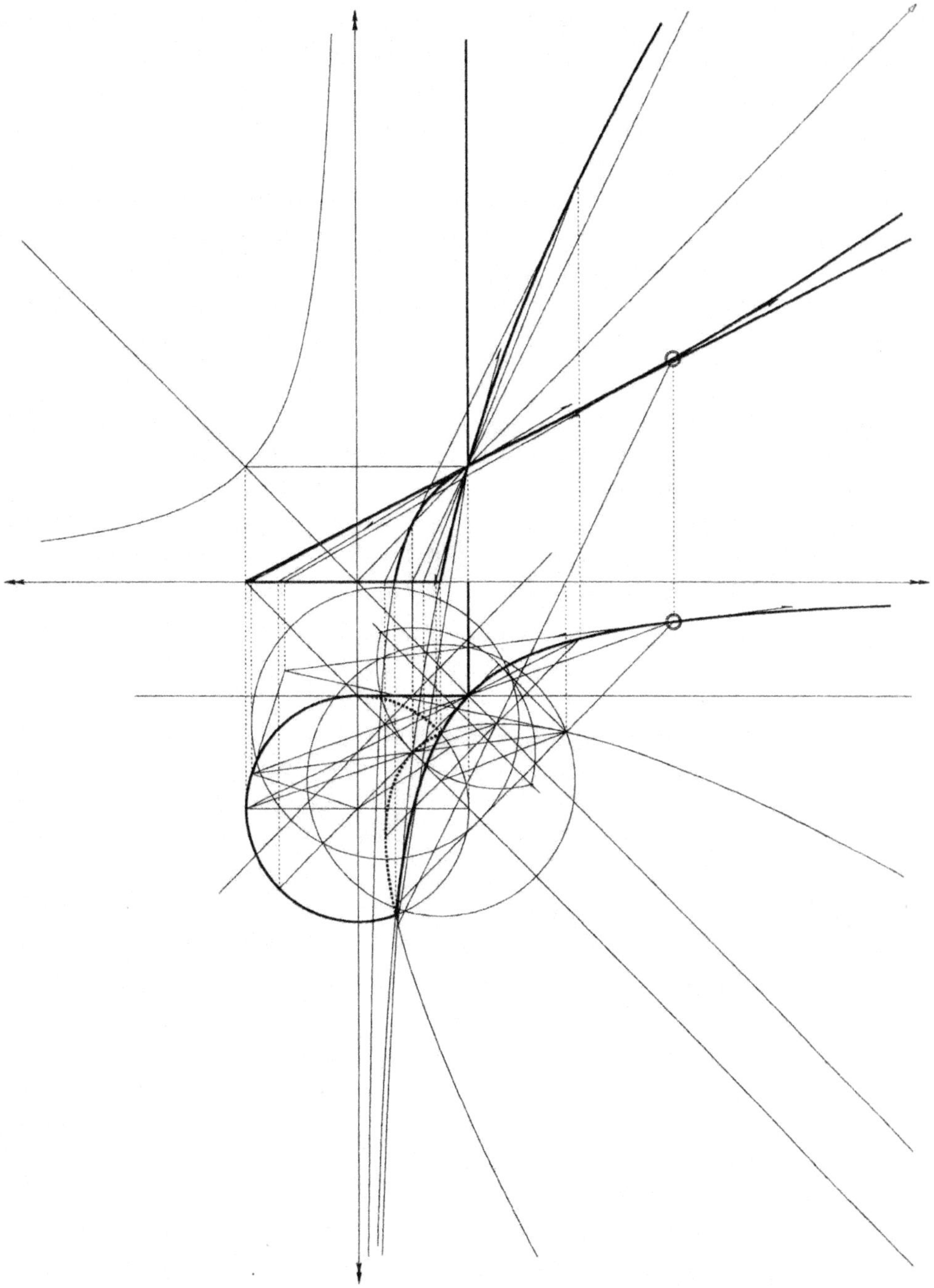

1882

Deux paraboloïdes hyperboliques

La ligne de terre xx' est le petit axe de la feuille. L'unité est le centimètre.

Un paraboloïde Q a pour génératrices la droite A (x = -2 ; y = 10) et la droite B qui joint les points (x = 2 ; y = 2 ; z = 0) et (x = -6 ; y = 10 ; z = 8) ; il admet le plan horizontal pour plan directeur.

Un paraboloïde Q_1 a pour génératrices la droite A_1 (x = 2 ; y = 8) et la droite B_1 qui joint les points (x = -4 ; y = 0 ; z = 0) et (x = 4 ; y = 8 ; z = 8) ; il admet le plan horizontal pour plan directeur.

Représenter le système des deux surfaces opaques, illimitées, les plans de projection étant transparents.

Les données numériques proviennent du livre Cagnac et Commeau, celles de Caron présentant des erreurs. La représentation est celle de Caron, Cagnac et Commeau complétant la représentation en coupant les deux surfaces par des plans (B. A.)

1882

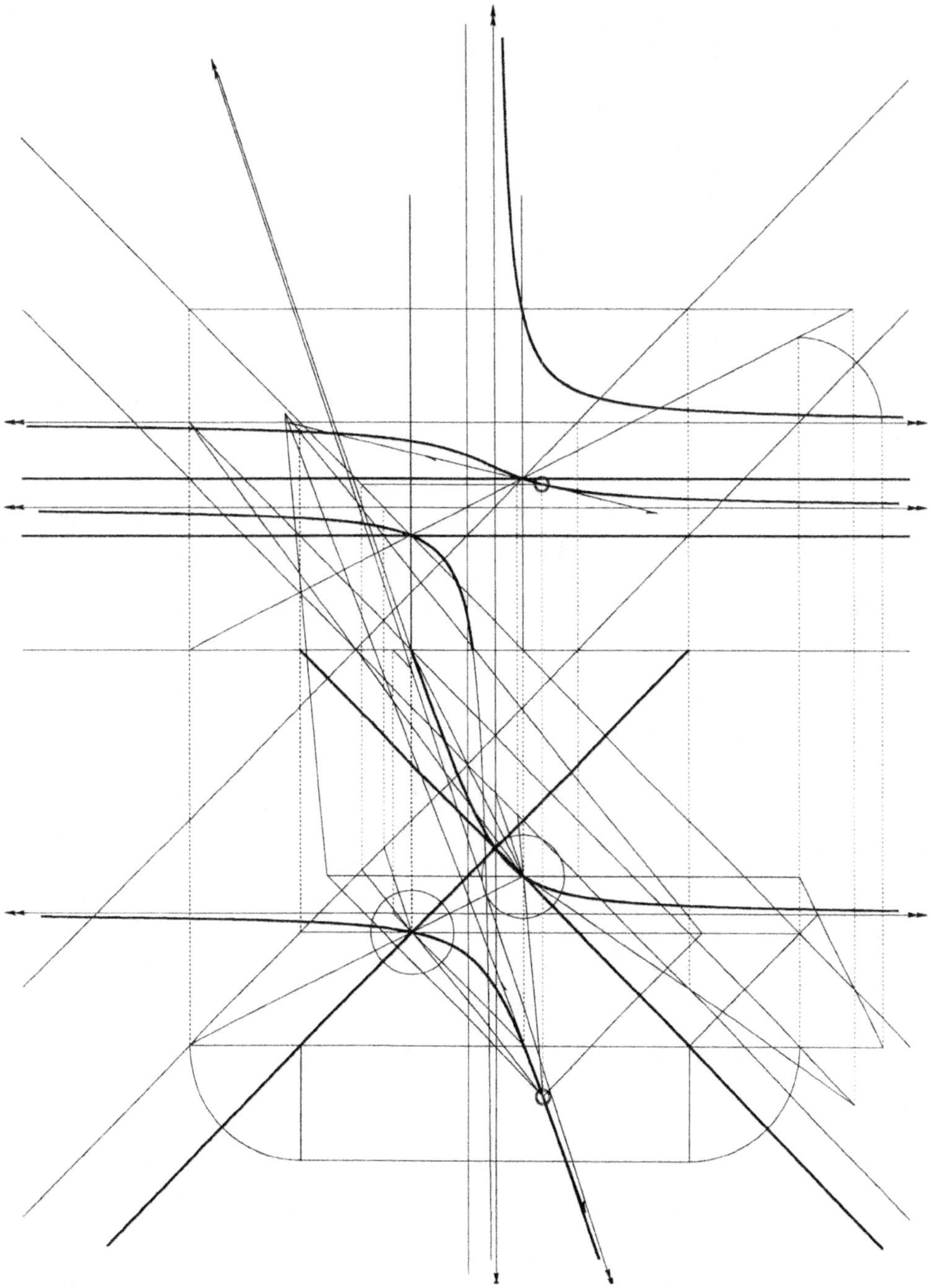

1881

Surface d'un cône entaillée par un cylindre hyperbolique

La ligne de terre est parallèle au petit axe de la feuille, à 6 centimètres au-dessus du centre de la feuille.

La base du cône est, dans le plan horizontal, une hyperbole équilatère ayant pour centre le point (x = 0 ; y = 13). Une asymptote de cette hyperbole est parallèle à la ligne de terre, et l'un des sommets a pour coordonnées (x = 2 ; y = 15). Le cône a pour sommet le point (x = 0 ; y = 13 ; z = 3).

Le cylindre a pour base, dans le plan horizontal, l'hyperbole conjuguée de la base du cône. Enfin la parallèle aux génératrices du cylindre menée par le sommet du cône passe par le point (x = 0 ; y = 17 ; z = 0).

Représenter la surface opaque du cône extérieure au cylindre, les plans de projection étant transparents.

1881

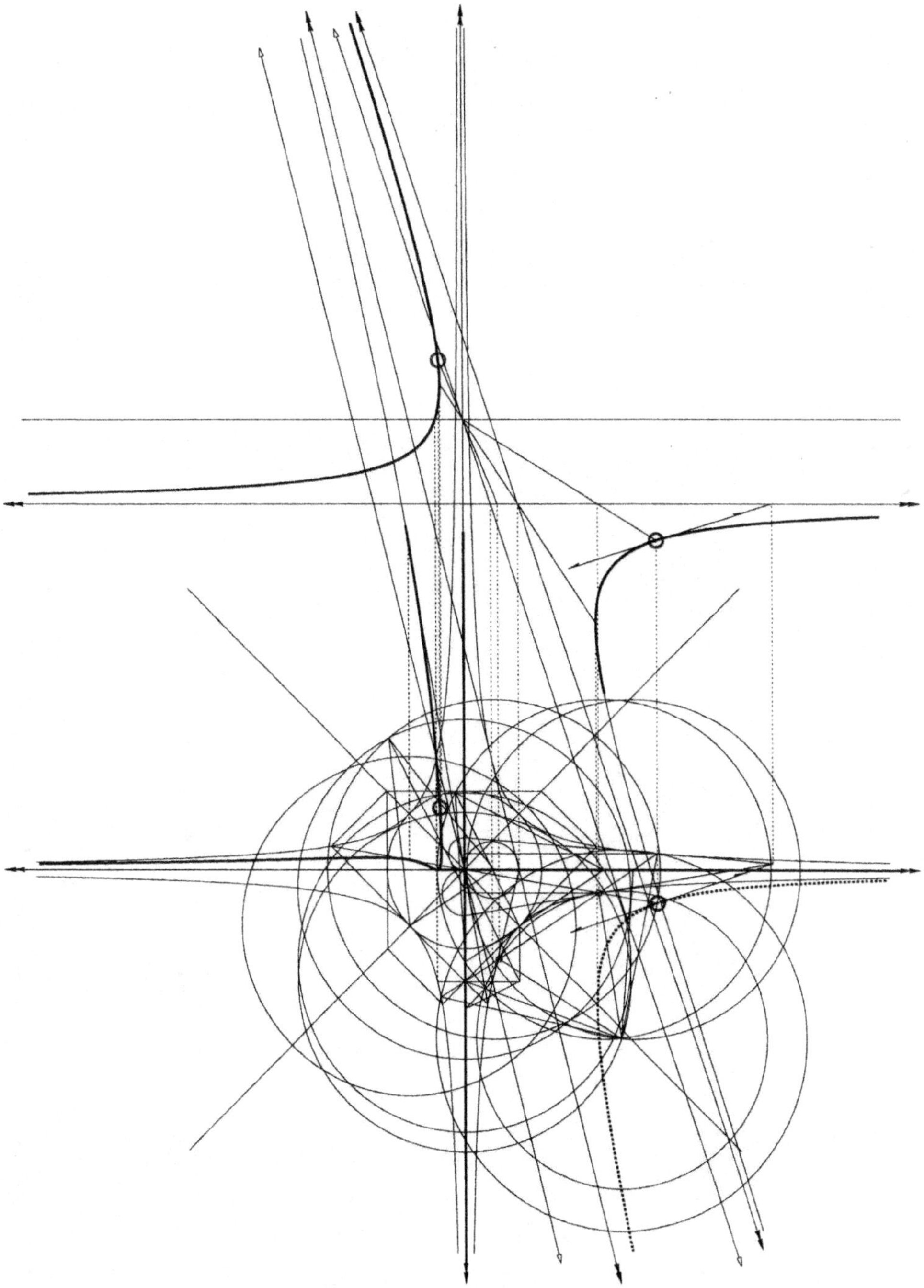

1873

Volume commun à un cône de révolution et à un hyperboloïde de révolution

Solide commun un hyperboloïde de révolution à une nappe *oo'* et à un cône de révolution *ss'* ayant son axe perpendiculaire sur l'axe de révolution. Les génératrices des deux surfaces font avec les axes des angles de 45°.

L'énoncé reproduit ici est tel qu'il figure dans l'ouvrage de J. Caron. Il manque évidement de précision. Les données complémentaires proviennent de l'épure reproduite dans l'ouvrage (B. A.).

1873

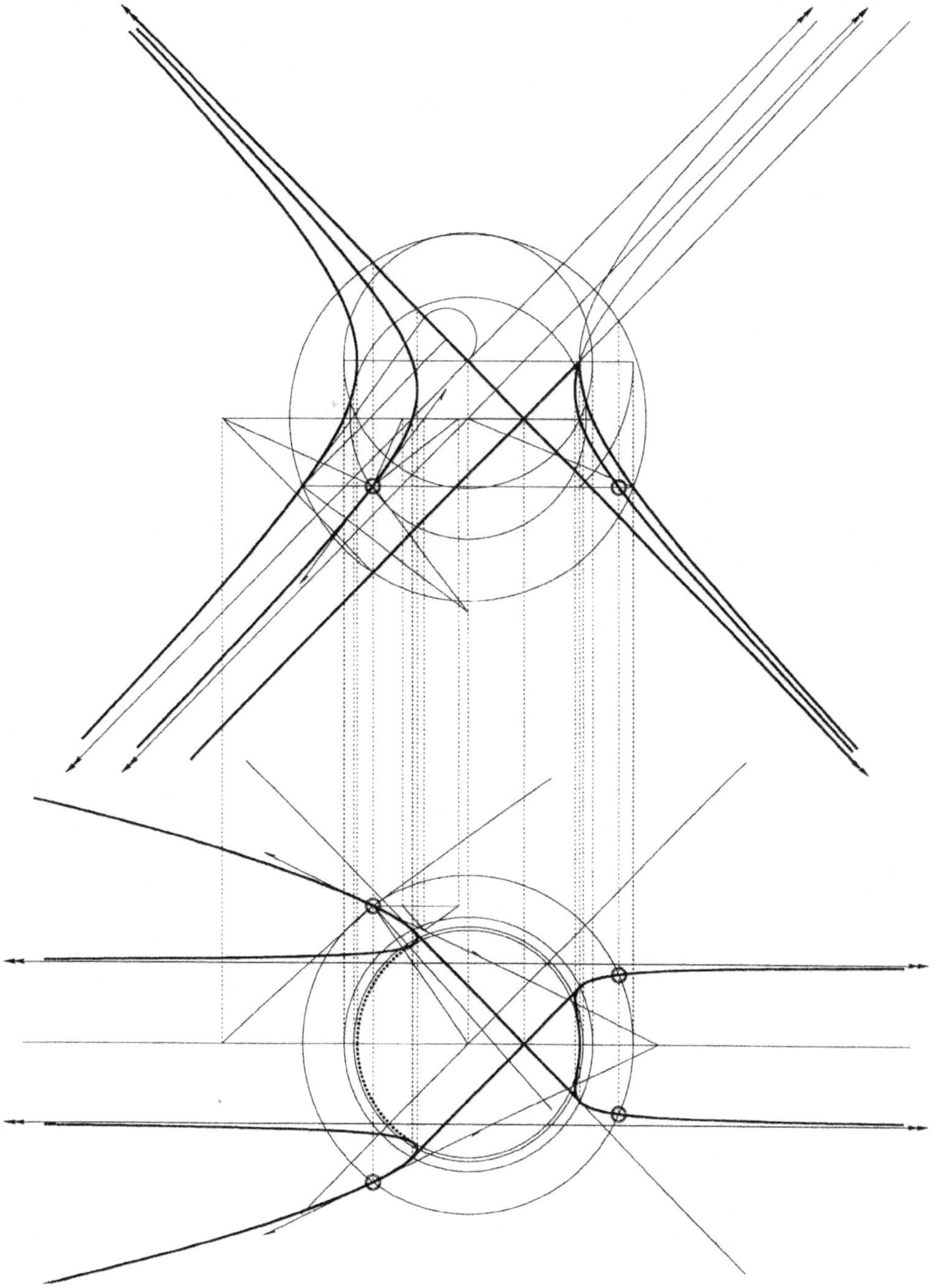

1866

Cône de révolution tangent à un cylindre de révolution

On donne un cylindre, une droite et un point sur cette droite ; on demande de construire les projections d'un cône de révolution tangent au cylindre, limité au plan horizontal de projection, ayant pour axe la droite donnée et pour sommet le point donné sur la droite.

Donnée numériques :

Le cylindre est de révolution et a pour axe la ligne de terre. Son diamètre a 9 centimètres.

La droite donnée a sa trace verticale à 12 centimètres au-dessus de la ligne de terre et sa trace horizontale à 9 centimètres en avant de cette ligne.

La distance entre les pieds des perpendiculaires menées de ces points sur la ligne de terre est de 7,5 centimètres.

Le cône a pour sommet la trace verticale de la droite.

Le cylindre sera limité par deux plans quelconques perpendiculaires à la ligne de terre.

1866

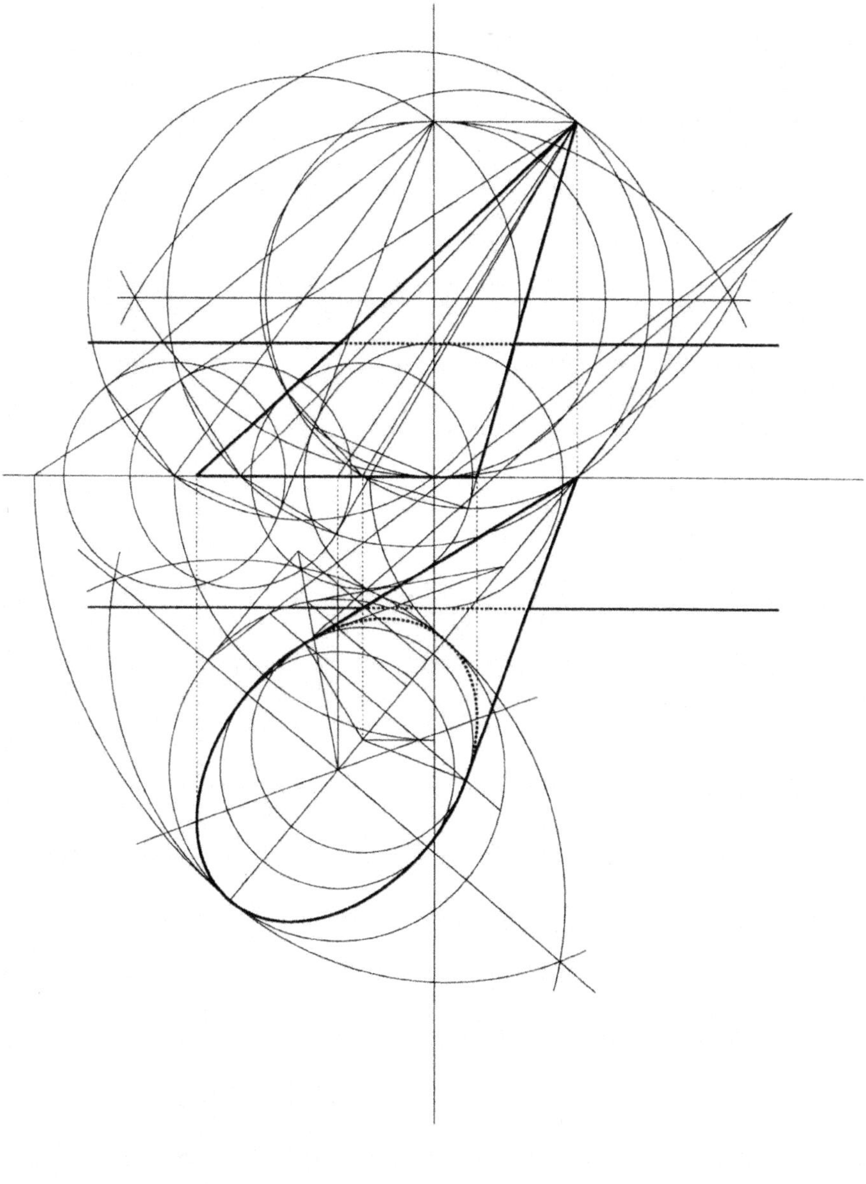

1865

Demi-sphère entaillée par un cylindre de révolution

Le cylindre est tangent au plan horizontal et a ses génératrices parallèles à la ligne de terre. La sphère a son centre sur la génératrice de contact et a pour rayon le diamètre du cylindre.

On ne représentera que la moitié de la sphère située au-dessus du plan horizontal.

1865

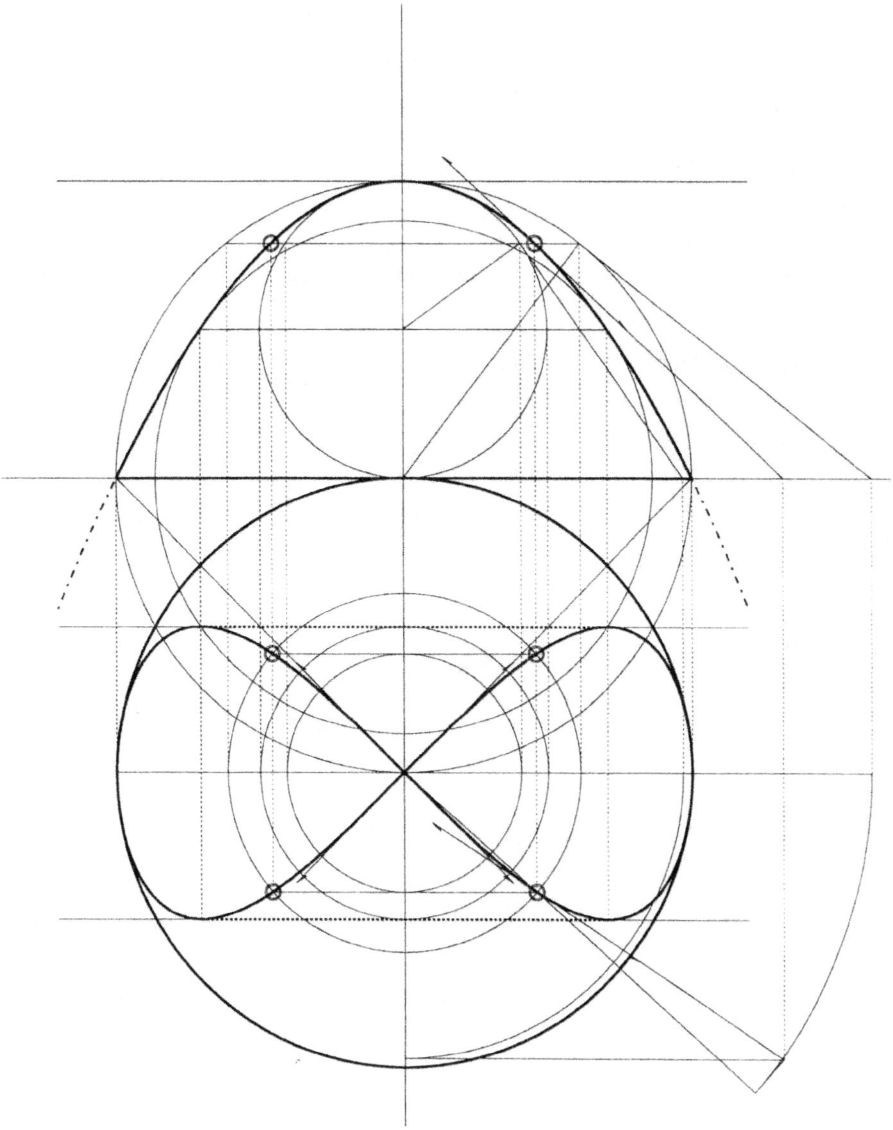

18??

Volume commun à un cône de révolution et à un ellipsoïde aplati

On prend les deux points *aa'* (x = 4 ; y = 10 ; z = 10) et *bb'* (x = -4 ; y = 10 ; z = 10).

Dans le plan de front *ab*, on construira deux triangles équilatéraux ayant *aba'b'* comme base ; soient *abc a'b'c'*, abc_1 $a'b'c_1'$ ces deux triangles. Les quatre points *aa'*, *bb'*, *cc'*, c_1c_1' sont les sommets d'une ellipse, qui en tournant autour de son petit axe engendre l'ellipsoïde.

On mène ensuite à l'ellipse deux tangentes inclinées à 45° sur le plan horizontal. Ces deux tangentes en tournant autour de l'axe vertical de l'ellipse engendrent un cône. (On prendra les deux points de contact dans la partie supérieure de l'ellipse).

Représenter le solide commun.

18??

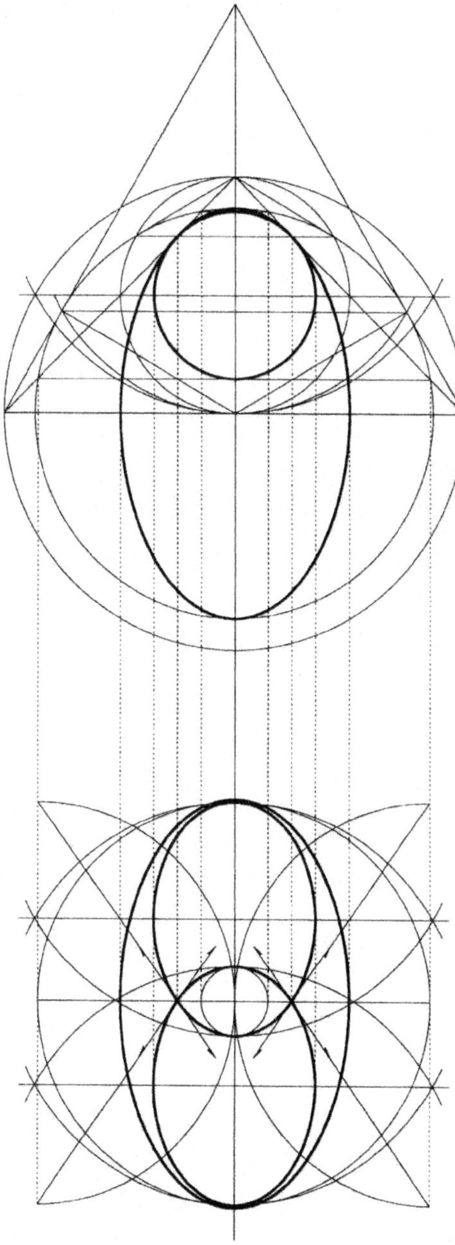

7

Analyse d'une épure : 1938

Aucune explication n'est donnée dans ce recueil, quant aux différentes méthodes mises en œuvre pour la réalisation des épures. Afin de combler cette lacune, il est procédé ici à une analyse détaillée du sujet donné en 1938. C'est une épure de « moyenne difficulté », suivant le barème utilisé par G. Cagnac, H. Commissaire et H. Commeau, qui classent les épures de concours en trois catégories, A, B et C (les plus difficiles).

7.1 – Le sujet : *Solide commun à deux cônes*

La ligne de terre y'y est à 3 centimètres au-dessous du petit axe de la feuille et les axes x'x et z'z se projettent suivant une droite située à 3 centimètres à droite du grand axe de la feuille.
Dans le plan horizontal $z = 10$, on donne un cercle (C) de centre C(14, 0, 10) et de rayon 3, et un cercle égal (C_1) de centre C_1(11, 0, 10). On appelle A celui des points commun aux deux cercles qui est le plus à gauche et A_1 le point diamétralement opposé à A sur le cercle (C_1).
Soient S le point de cote 7 sur la verticale de A et S_1 celui de cote 13 sur la verticale de A_1. On considère le cône de sommet S, de directrice (C) et le cône de sommet S_1, de directrice (C_1).

> *1°/ Construire l'intersection (Γ) des deux cônes.*
>
> *2°/ Représenter le solide supposé opaque formé par les points de l'espace intérieurs aux deux cônes et compris entre les plans $z = 0$ et $z = 16$.*
>
> *3°/ Figurer en trait rouge fort la trace (Γ_1) sur le plan $z = 10$ du cône de directrice (Γ) ayant pour sommet le point le plus en avant de (Γ). Expliquer le résultat trouvé.*

Mise en place des données de l'épure

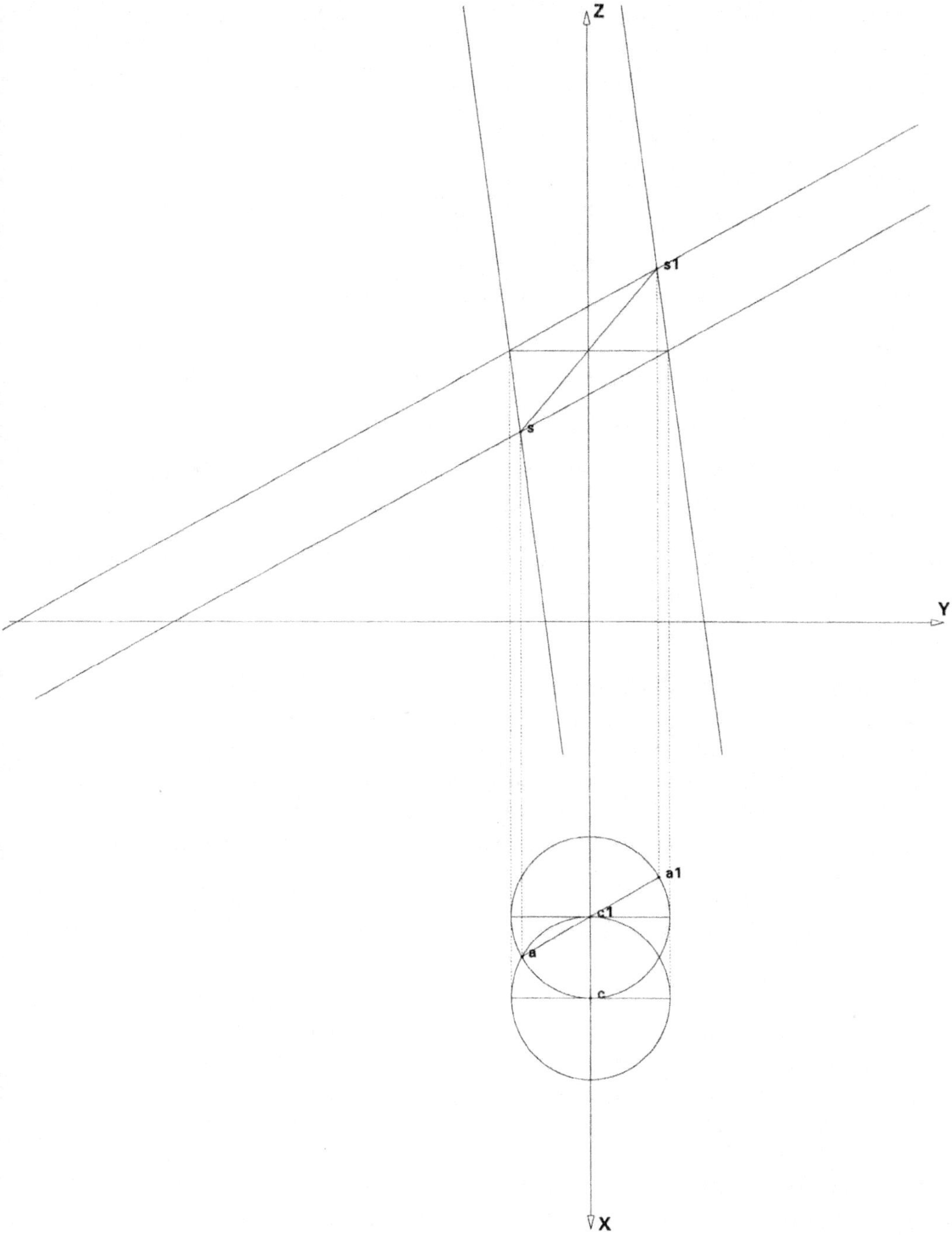

7.2 – Mise en place et premières remarques

Les sections des deux cônes par des plans horizontaux sont des cercles : les points cycliques horizontaux font donc partie de (Γ). Ces deux cônes ont chacun une génératrice verticale. L'intersection sera donc une courbe du quatrième degré, qui se projettera horizontalement suivant une cubique circulaire.
Si l'on coupe par un plan horizontal, on obtient deux cercles dont les centres sont sur une droite parallèle à Ox. Les deux cercles se coupent suivant deux points symétriques par rapport à cette droite : le plan de bout contenant la droite joignant les sommets des deux cônes est donc un plan de symétrie oblique pour (Γ) et la direction Oy. Ce plan est plan polaire des deux cônes pour la direction Oy.
S_1 se trouve sur le cône de sommet S. S_1 sera donc un point double de (Γ).

7.3 – Point courant de (Γ) et tangente. Tangentes au point double

Deux méthodes :
- couper les deux cônes par des plans horizontaux. On est amené prendre l'intersection de deux cercles.
- couper par un plan pivotant autour de la droite définie par les sommets des deux cônes. Les points seront définis par des intersections de droites, ce qui est préférable d'un point de vue graphique. C'est la méthode utilisée.

Dans le plan horizontal, la base du cône de sommet s1 est le cercle de centre e1 et diamètre gf et la base du cône de sommet s est le cercle de centre e et de rayon eh. La droite des sommets perce le plan horizontal en e1. Soit p1p2, la trace dans le plan horizontal d'un plan arbitraire (P) passant par la droite des sommets. Il coupe le cône de sommet s1 suivant les génératrices dont les projections horizontales sont a1p1 et a1p2. (P) coupe le cône de sommet s suivant la génératrice fixe ae1 et suivant la génératrice aq. L'intersection de aq et de a1p1 donne le point courant m (on obtient également un deuxième point intersection de aq et a1p2 : sa construction est volontairement omise). La projection verticale du point courant s'obtient en rappelant m sur la projection frontale de la génératrice s1p1'.

La tangente au point courant est obtenue en prenant l'intersection des plans tangents aux deux cônes le long des génératrices passant par le point courant m. Les traces horizontales de ces plans sont les tangentes aux cercles de base en q et p1, qui se coupent en t ; tm est la tangente en m à la projection horizontale de (Γ). t étant dans le plan horizontal, on obtient immédiatement t'm', tangente en m' à la projection frontale de (Γ).

Les tangentes au point double sont les génératrices du cône de sommet s1 situées dans le plan tangent au cône de sommet s, le long de sa génératrice ss1.

Point courant et tangente. Tangentes au point double

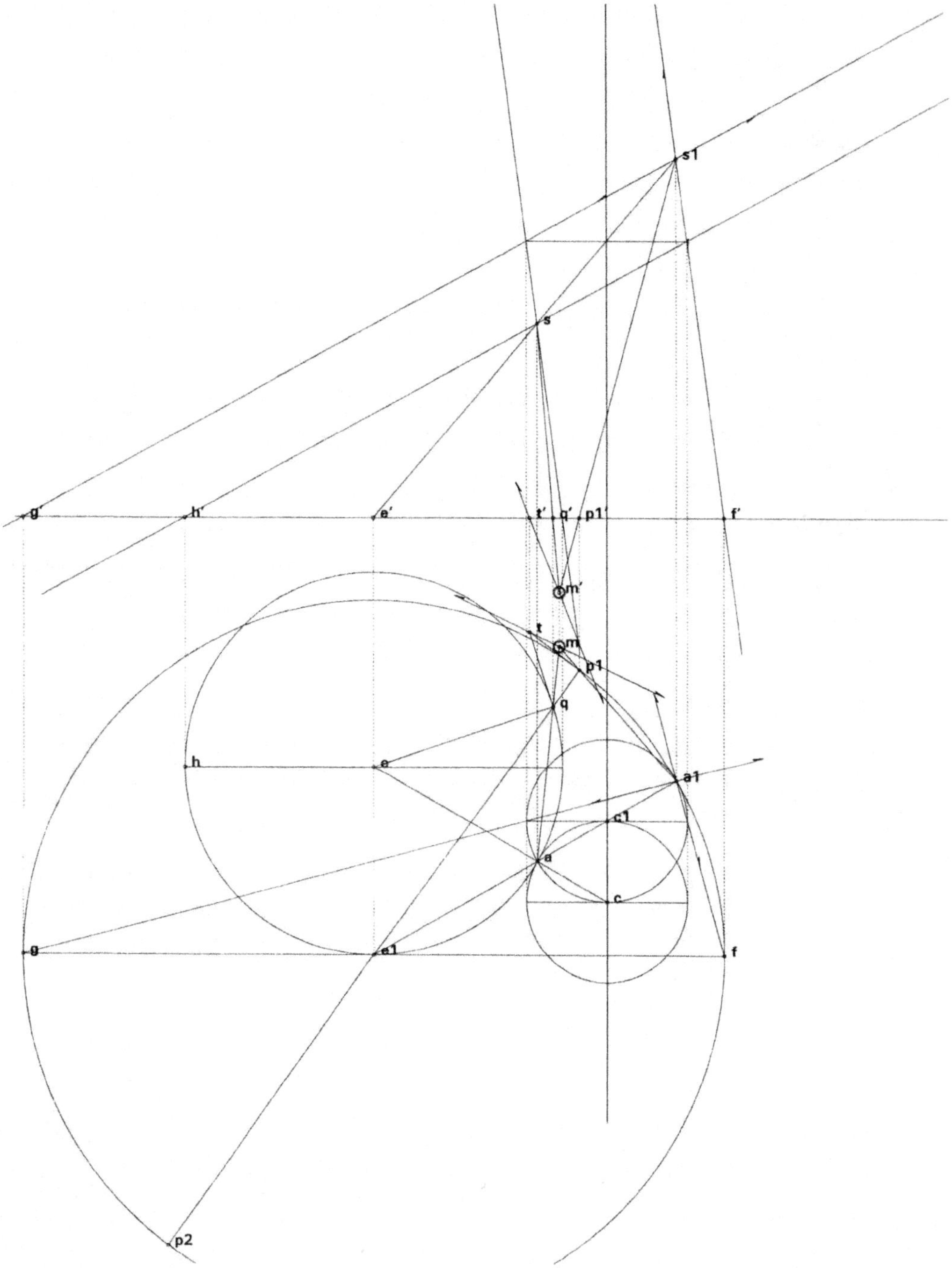

La trace horizontale de ce plan tangent est fg. Les deux tangentes horizontales sont donc fa1 et ga1. Elles sont, d'évidence, rectangulaires. En projection frontale, les tangentes sont f's1 et g's1. Elles sont inflexionelles.

Dans les épures de ce type, une fois que l'on a déterminé, les asymptotes, les points particuliers (ainsi que les points dans le plan z = 0 et z = 16), les tangentes au point double, le point courant et sa tangente, la courbe peut être tracée avec une bonne précision sans avoir à construire de points supplémentaires.

7.4 – Points à l'infini de (Γ) : directions asymptotiques et asymptotes

Les points à l'infini, donc les directions asymptotiques, sont obtenus en construisant les génératrices communes au cône de sommet s, et au cône de sommet s1 translaté de manière à faire coïncider son sommet avec s. Il suffit de construire les bases de ces deux cônes dans le plan horizontal : c'est le cercle de centre e et de rayon eh et le cercle de centre e1 et de rayon e1h1. Ces deux cercles se coupent en a et b. La direction asymptotique de la projection horizontale de (Γ) est ab, les directions asymptotiques frontales de (Γ) sont sb' et la verticale passant par s. Ces directions sont dessinées avec des pointes blanches.

Les asymptotes sont les intersections des plans tangents aux deux cônes le long des génératrices parallèles aux directions asymptotiques déterminées ci-dessus. Les traces horizontales de ces plans tangents sont tracées dans le plan horizontal qui contient les cercles (C) et (C_1) (horizontale passant par i' et j').

L'asymptote verticale de la projection frontale est obtenue en construisant le point i, intersection de la tangente en a1 au cercle de centre c1 et la tangente en a au cercle de centre c.

L'asymptote oblique en projection frontale, à laquelle correspond l'asymptote horizontale de la projection horizontale (asymptote de la strophoïde) est obtenue en prenant les intersections de la tangente en d au cercle de centre c1 et de la tangente en k au cercle de centre c. D'où les points j et j' par lesquels passent les asymptotes.

Points à l'infini de (Γ) : directions asymptotiques et asymptotes

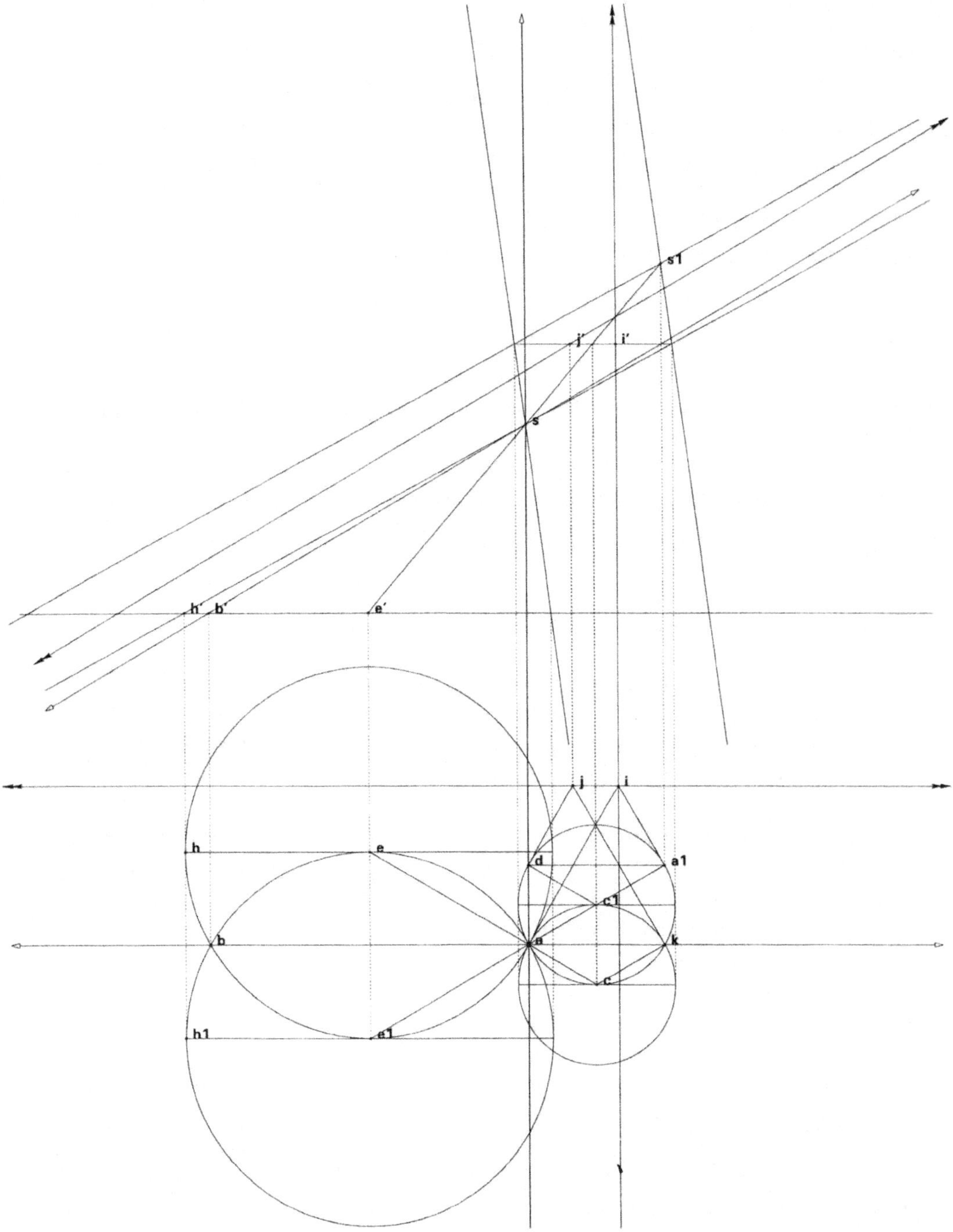

7.5 – Points particuliers

7.5.1 – Points à tangente horizontale

On considère les bases des deux cônes dans le plan horizontal. La position de la trace du plan auxiliaire (P) passe par ee1 : les plans tangents aux deux cônes qui correspondent à cette position seront parallèles à la ligne de terre et leur intersection sera une horizontale dans les deux projections. On obtient ainsi les points u et v qui sont rappelés frontalement en u' et v'. C'est le point v'v, qui sera le sommet du cône de directrice (Γ), dont on demande l'intersection avec le plan horizontal z = 10.

7.5.2 – Points sur les contours apparents

Il s'agit des points en projection frontale, car les deux cônes n'ont pas de contour apparent en projection horizontale.

Pour le cône de sommet s1, les points sur le contour apparent sont confondus en son sommet.

Pour les points sur le contour apparent du cône de sommet s, on considère les plans auxiliaires (P) passant par les génératrices de contour apparent frontal de ce cône.

Un premier plan (P) est donc défini par sa trace horizontale q1q2. Il définit les génératrices a1q1 et a1q2 dont on prend les intersections avec la génératrice an ce qui donne les points r et r1, qui se rappellent sur les génératrices de contour apparent frontal en r' et r1'.

Un deuxième plan (P) est défini par sa trace w1w2. Il définit, pour le cône de sommet s1, les génératrices a1w1 et a1w2, dont l'intersection avec la génératrice ah donne le point x, se rappelant en x', et un autre point qui n'a pas été construit, car il sort des limites de l'épure (intersection de ah et a1w2).

7.5.3 – Points de (Γ) dans les plans horizontaux z = 0 et z = 16

Dans le plan z = 0, l'intersection des cercles, base des deux cônes donne immédiatement les points y1 et y2. Dans le plan z = 16, on construit facilement les deux cercles (C1) et (C2), qui se coupent en z1 et z2. Ces deux points étant voisin des extrémités du diamètre horizontal du cercle (C1), les deux arcs de (Γ), s1z1' et s1z2' seront presque confondus avec les génératrices du cône de sommet s1.

Points particuliers

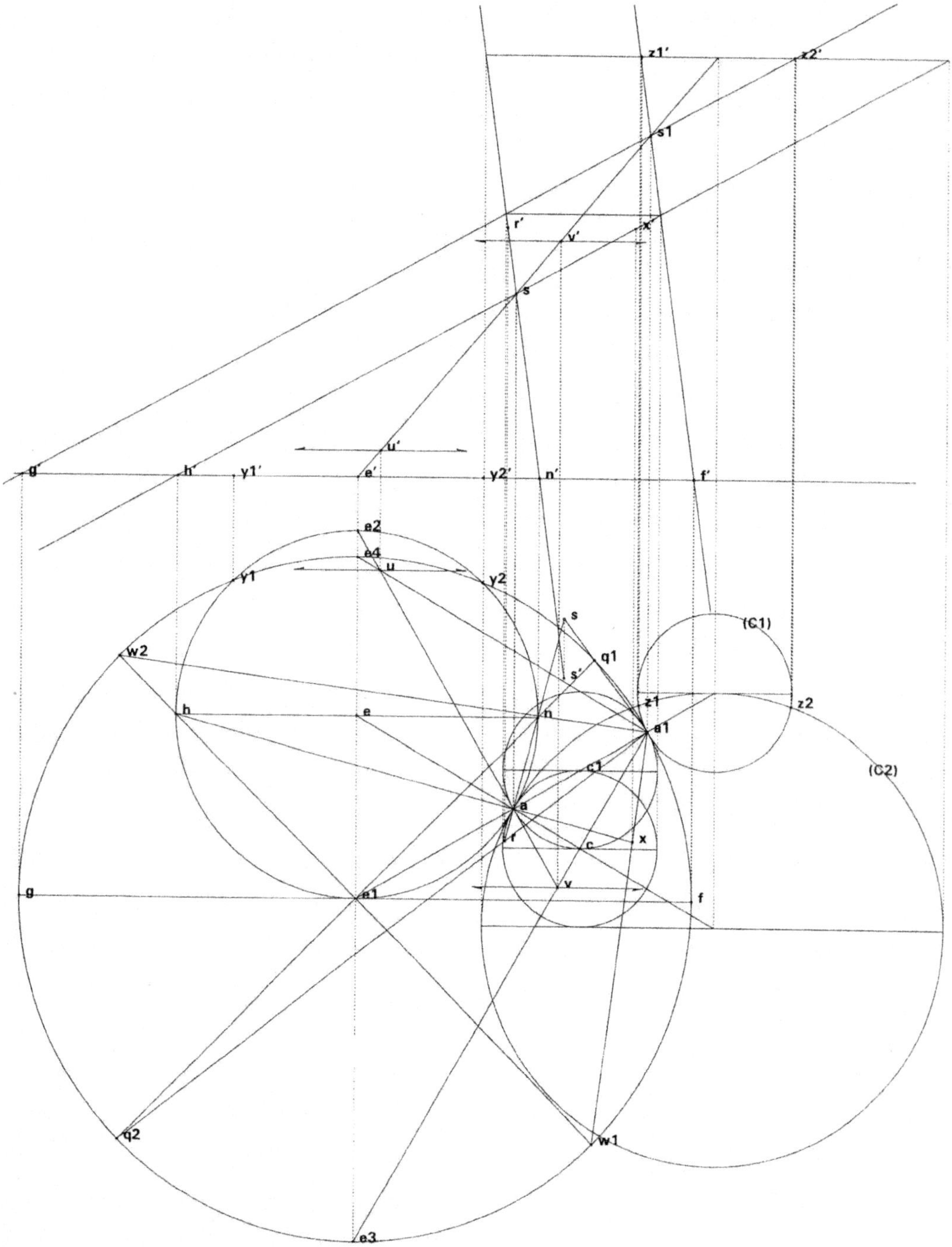

7.6 – Représentation du solide. Ponctuation

La représentation du solide commun aux deux cônes ne pose guère de difficulté. En projection frontale le solide est limité par les deux plans horizontaux et par le domaine commun aux contours apparents des deux cônes. On utilise les plans polaires correspondant à la direction X. Seule la portion de (Γ) comprise entre y1' et y2' est à représenter en pointillé.

En projection horizontale, les plans horizontaux coupent les deux cônes suivant des cercles dont on représente la partie commune. Seuls les deux arcs de (Γ) a1z1 et a1z2 sont à représenter en pointillé.

Représentation du solide commun

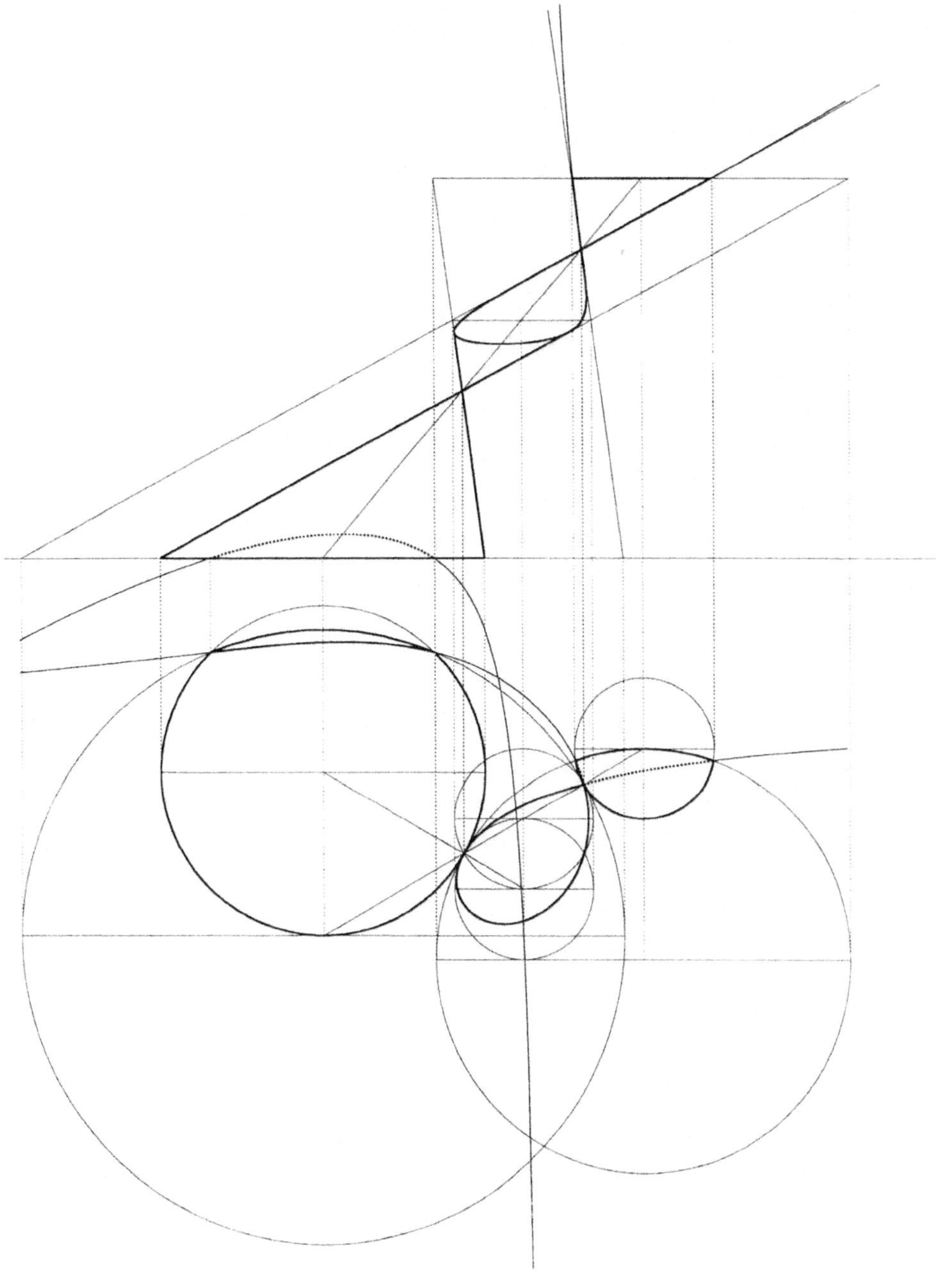

7.7 – Courbe ($\Gamma 1$)

La courbe ($\Gamma 1$) est l'intersection du cône ayant pour sommet vv' et pour directrice (Γ) avec le plan horizontal z = 10.

($\Gamma 1$) est une cubique circulaire : les points cycliques dans les différents plans horizontaux sont projetés sur eux-mêmes. La construction d'un point courant et de sa tangente à partir de (Γ) ne présente aucune difficulté et sera omise.

Le point double est la perspective de (s1,a1) : c'est donc c. Le point à tangente horizontale uu' se projette en AA'. Les tangentes au point double de ($\Gamma 1$) sont les perspectives des génératrices de contour apparent frontal du cône s1. Elles percent le plan de cote z = 10 en B et C. Les tangentes sont rectangulaire et ($\Gamma 1$) est une strophoïde. Par ailleurs, la symétrie oblique de (Γ), par rapport au plan de bout passant par la droite des sommets des cônes, devient une symétrie droite pour ($\Gamma 1$). La courbe est donc une strophoïde droite. Son asymptote, parallèle à la ligne de terre passe par le point c1, symétrique du sommet A par rapport à c.

En vv', la tangente à la courbe (Γ) est parallèle à la ligne de terre. Le point à l'infini de ($\Gamma 1$) est la perspective de vv' . L'asymptote est donc donnée par l'intersection du plan osculateur à (Γ) en vv', avec la plan horizontal de cote 10. La construction de ce plan osculateur se fait à partir du centre de courbure de (Γ) en vv'. On considère les deux cercles, section des deux cônes par le plan horizontal passant par v'. Les centres de ces cercles sont les projections des centres de courbures des coniques, sections normales des cônes par un plan pivotant autour de la tangente en vv' (un des théorèmes de Meusnier). Le plan osculateur est normal à la droite joignant ces deux centres de courbures.

Comme ces centres de courbures sont dans un plan de profil, les constructions sont réalisées après une rotation de -90° de ce plan de profil autour de la verticale passant par v. Ces deux centres de courbures se projettent frontalement (après rotation) en Q' et P'. La trace du plan osculateur est v'R'. R' donne R, puis c1.

Cette construction basée sur les centres de courbures, effectuée avec les instruments de dessin, risque de donner la position de l'asymptote avec une certaine erreur. Il était donc nécessaire, lors du concours, de connaître les propriétés de la strophoïde droite.

Courbe ($\Gamma 1$)

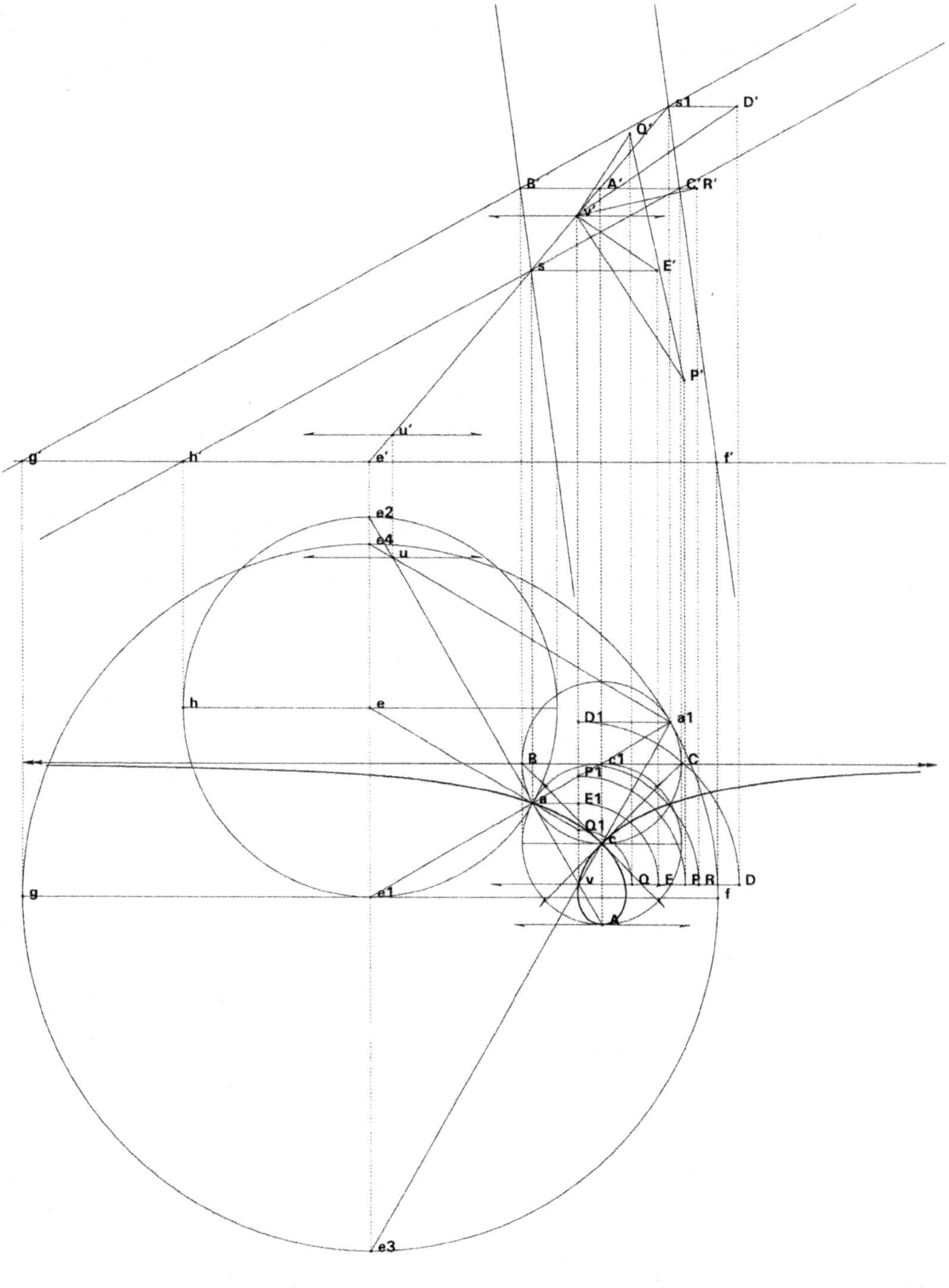

8

Géométrie descriptive : solutions actuelles

L'un des tout premiers objectifs de la géométrie descriptive est l'étude de l'intersection des surfaces, ainsi que leurs représentations. Les techniques anciennes, fondées sur des constructions géométriques, ne sont plus enseignées aujourd'hui. Mais les problèmes, eux, demeurent et on les retrouve dans de nombreuses branches de l'industrie : automobile, aéronautique, chaudronnerie, etc. Le dessin reste, et restera encore quelques temps, le moyen privilégié pour transmettre de l'information dans les domaines liés à l'ingénierie.

C'est grâce à des logiciels, mis au point par les équipes de recherche des grandes sociétés industrielles, que les solutions relatives à la visualisation des objets sont abordées. Il n'est pas dans le but de ce recueil de s'étendre sur ce vaste sujet : de nombreux ouvrages traitent de la « conception assistée par ordinateur », ainsi que du « dessin assisté par ordinateur ». Il a paru néanmoins intéressant d'interpréter une des épures, à l'aide de l'un des grands logiciels utilisés actuellement : *Catia*, développé par Dassault Systèmes.

Le sujet choisi est celui de 1906 : un tore et un hyperboloïde de révolution tangent au tore. La courbe gauche, intersection des deux surfaces, possède un point de rebroussement. Cette particularité n'avait pas été vue sur le corrigé publié dans la *Revue de mathématiques spéciales* (numéro de janvier 1907) et a fait l'objet d'un rectificatif. Il était donc intéressant de voir comment serait géré ce point par le logiciel.

Il existe deux approches pour déterminer l'intersection de deux surfaces :
• l'approximation polyédrale (la surface est approximée par des facettes planes)
• le calcul direct à partir des équations des surfaces.

C'est une méthode de calcul fondée sur cette dernière approche qui a été utilisée. Le programme calcule une série de points sur les deux surfaces, à partir de leur définition analytique, à l'aide d'un algorithme du type « prédiction-correction ». Il détermine ensuite une courbe polynomiale sur plusieurs points consécutifs, qui représente « au mieux », avec une précision fixée à l'avance, l'intersection des deux surfaces.

Dans l'exemple considéré, on constate que la singularité est correctement représentée.

Les logiciels comme *Catia* vont bien au-delà de la représentation d'un volume ou d'une surface. Outre des calculs de centre de gravité, de volume, de surface, ils peuvent analyser les interférences de différents volumes en mouvement dans un mécanisme et générer les fichiers commandant les machines outils pour l'usinage des pièces.

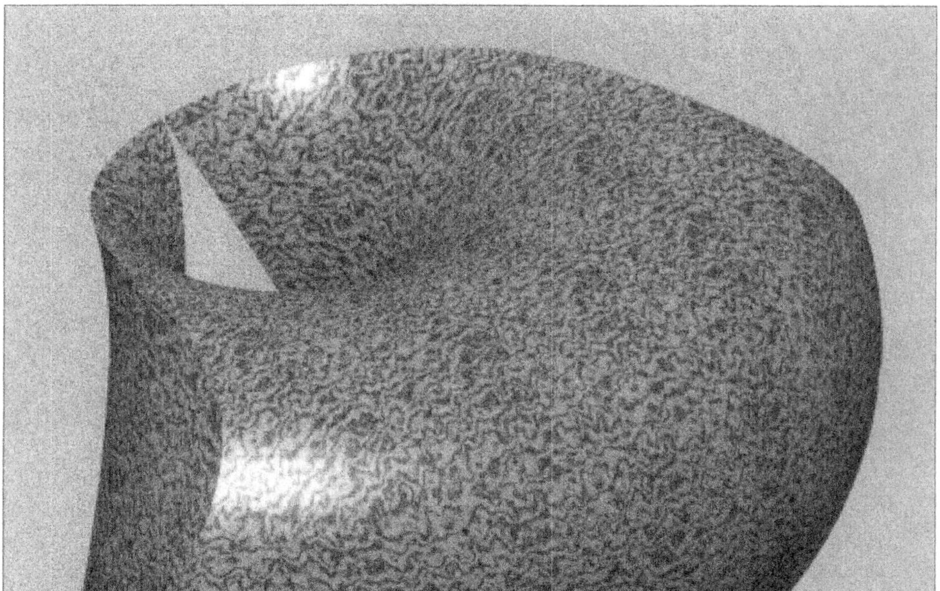

Perspective du volume, objet de l'épure de 1906. Le solide est supposé en marbre
(CATIA - CADAM - SOLUTIONS)

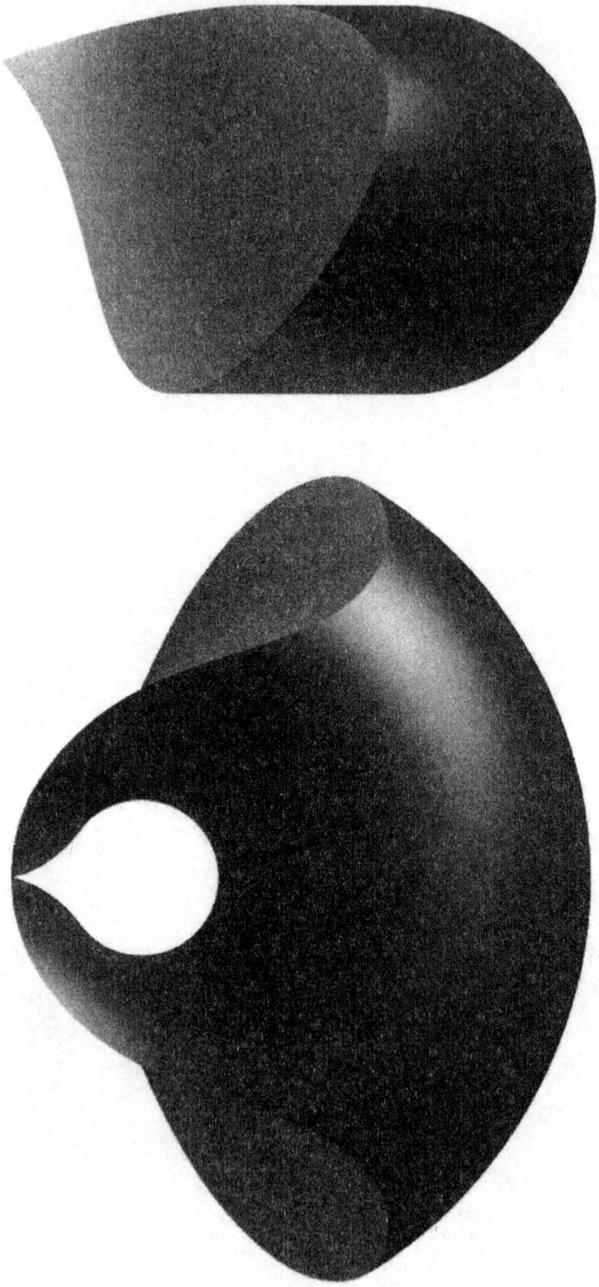

Épure de 1906 : projection frontale et projection horizontale.
La surface du tore est en gris foncé, celle de l'hyperboloïde en gris plus clair.
(CATIA - CADAM - SOLUTIONS)

9

Réalisation des épures de l'ouvrage

La réalisation des épures de cet ouvrage a nécessité un matériel, des logiciels, une méthode.

9.1 – Matériel

• Ordinateur COMPAQ, Prolinea 4/100 (100 Mhertz)
• Imprimante Laser HP 6L

9.2 – Logiciels

• Un compilateur Fortran. Version Microsoft Power Station. C'est un Fortran 77 (le Fortran IV aurait pu suffire).
• L'interpréteur du langage graphique HP-GL2, livré avec le pilote de l'imprimante.
• Le tableur Microsoft Excel, version 5.0.

9.3 – Méthode

À chaque épure correspond un programme, écrit en Fortran. Ce programme génère un fichier texte, composé d'instructions HP-GL2, qui sont interprétées par le pilote de l'imprimante, pour créer un dessin. L'imprimante joue le rôle d'un traceur.

La structure logique du programme est strictement linéaire : elle reproduit, à quelques nuances près, les opérations graphiques exécutées par l'élève devant sa planche à dessin. On peut distinguer :

• les instructions d'affectation, car chaque point important doit être nommé ;
• les sous programmes de calculs : intersection de deux droites, deux cercles, droite et cercle, etc. ;

- les sous-programmes de dessin :
  - sous-programmes généraux : tracé d'une droite entre deux points, dessin des asymptotes, des lignes de rappel, des tangentes, etc.
  - sous-programmes particuliers à l'épure : ellipse, cubique, etc.

La construction d'une épure se fait par étapes successives, donc par dessins successifs. Toutes les courbes sont au préalable définies analytiquement. En fonction des particularités de l'épure, les équations sont sous forme explicite, polaire, paramétrique. Seules, les courbes de l'épure de 1942 n'ont pu être calculées à cause de la taille des coefficients numériques (un logiciel de calcul formel aurait été utile) et les points ont été effectivement construits géométriquement. Chaque épure est un cas particulier, traité comme tel.

Les coordonnées des points d'intersections des différentes courbes entre elles, sont obtenues à partir de leurs équations, par des tabulations brutales avec Excel. La connaissance de ces points, évidente lors de l'exécution manuelle, est indispensable pour commander les changements de trait (ponctuation) ou définir des contours polygonaux (ombres).

10

Souvenance

Marcel Lobry

Classe de seconde. Composition de mathématique : sur trente-six, il n'y en a que trois après moi. Je rase les murs. J'essaye de m'y intéresser mais les résultats ne suivent pas. Mon oncle, ingénieur, me conseille son livre de mathématique : *Cours de calcul algébrique, différentiel et intégral, leçons de mathématriques à l'usage des ingénieurs,* par Maurice Laboureur. Je n'y comprends rien, mais la géométrie analytique et les coordonnées polaires me fascinent. Je construis beaucoup de strophoïdes, de cissoïdes et autres conchoïdes. À la fin de l'année il y en a seize derrière moi.
Classe de première. Il y a un mieux. Suite à un problème de géométrie dans l'espace, Thalès, une droite s'appuyant sur deux droites et restant parallèle à un plan, je construis un paraboloïde hyperbolique avec des fils et des rayons de bicyclettes soudés.

Lobry : – Je suis bien incapable d'en faire autant.
– Je m'en doute.

La gaffe. Ça m'a échappé. Il ne m'en veut pas. C'était un calculateur prodige qui se produisait dans des music-halls. Il avait du mal à comprendre pourquoi des études très difficiles, avec à l'agrégation un problème de boule de billard creuse dans laquelle il y avait une autre boule, l'ont conduit à enseigner le théorème de Pythagore dans le secondaire. À l'époque, il s'occupait de Ivan Kupka. Qui lui, a sauté Math sup, pour rentrer à Normale après une seule année de Math spé.

Je termine l'année premier.

André Bellivier

Victime d'une apparente facilité, je me contente de suivre, sans plus. La classe est devenue mon « petit chez moi ». Souvent, le matin j'arrive en avance pour faire la figure du problème au tableau. Avec règle et compas. Un jour, Bellivier m'envoie au tableau et monte s'asseoir au fond de la classe, sur Ma chaise !

Bellivier aimait les élèves qui savaient ce qu'ils voulaient faire, après le bac. J'en faisais partie : Marine marchande. Suite à la visite médicale me fermant cette voie, il appuiera mon admission en Math sup, malgré mes faiblesses en physique. C'est avec lui que je fais ma première épure de géométrie descriptive : perpendiculaire commune à deux droites.

Camille Convers

Je suis au premier rang. Première semaine. Il m'envoie au tableau. En descriptive. Nous sommes cinquante-neuf. Intimidé peut-être, je n'y « vois » rien. Se retournant alors vers la salle, bien en appui sur sa canne :

– Eh bien ! Ça promet, en descriptive !!

Il viendra, quelques temps après, voir ma planche à dessin.

– Où en est-il, celui-là ? Mais il n'a même pas commencé !

Je dessine avec une mine nue, 7H. Ce n'est pas son outil. Il ne peut rien voir à cause de la finesse du trait.

Par la suite, il prendra toujours mon épure pour corriger les autres.

Trop de volley-ball, trop de *love-affairs*, trop de cinémas : je ne continuerai pas dans la classe préparant l'X, mais celle de Centrale.

André Adler

- Intégrez !
- ..😐..
- Intégrez 💣☠ !!!
- ..☹..
- Un autre !

Gigantesque personnage. Finira sa carrière avec le succès de Mlle Chopinet reçue première à l'X. Mais en descriptive, des difficultés. Ne pouvait pas se représenter le paraboloïde hyperbolique (son pire ennemi), à la fois comme selle de cheval et comme surface doublement réglée.

Entrant en salle de cours, Jean-Pierre Petit dessine au tableau noir, en quelques secondes et d'un trait continu, Adler avec une cravache, chevauchant un paraboloïde hyperbolique.

Je fignole mes épures. Adler me dit : « Ne perdez donc pas votre temps à ça !!! ». Un « ça » qui en disait long sur ses sentiments envers cette discipline, espèce de verrue dans son univers mathématique et qu'il était pourtant contraint d'enseigner.

Il faut un volontaire pour frapper, sur une machine à écrire, le sujet du devoir de mathématique hebdomadaire. Je suis celui-là. J'ai connaissance du sujet trois semaines à l'avance, je le donne aux copains qui préparent l'X et Normale. Ils me rédigent mes devoirs, et en échange je dessine leurs épures.

Vient la dernière composition de géométrie descriptive, dans le réfectoire. Comme d'habitude, rue du Havre, le musicien, avec sa scie musicale, nous abreuvera, quatre heures durant, d'une mélodie lancinante. Je me retrouve à l'écart, avec Adler, qui, tout en surveillant l'épreuve, corrige des copies. Peut-être avait-il envie de m'observer. Lisant le sujet, je constate que c'est celui de l'épure, dessinée en trois exemplaires, quelques jours auparavant !

Il faut se calmer. Une bonne demi-heure à faire semblant d'affûter ses crayons, fixer sa feuille, tracer les axes, sous les regards furtifs du professeur. C'est un paraboloïde de révolution entaillé par un paraboloïde hyperbolique tangent. La courbe est tracée d'un seul trait, un peu comme Picasso dans le film de Clouzot. Les constructions classiques sont vite terminées. Le reste du temps est utilisé à rédiger la notice et exécuter un dessin en perspective. Le professeur, médusé, se lève de temps en temps pour regarder l'avancement des autres.

Je sus plus tard, que M. Adler parlait de moi comme de quelqu'un qui « voyait dans l'espace » et cela sonnait presque comme s'il avait connu un extra-terrestre qui percevait la quatrième dimension.

Il me pèse aujourd'hui de l'avoir laissé dans cette illusion.

Épilogue

La jeune et jolie secrétaire, chargée de récapituler les notes du concours d'entrée à l'École des Travaux publics, a l'esprit ailleurs, par cette belle journée de juin. Elle permute ma note d'algèbre avec celle de géométrie descriptive et je suis reçu à l'ESTP.

Bibliographie

[1] X. ANTOMARI, *Cours de géométrie descriptive,* Vuibert (1919).

[2] P. AUBERT et G. PAPELIER, *Exercices et épures de géométrie descriptive à l'usage des élèves de Mathématiques spéciales,* Vuibert (1924).

[3] S. BLOCH, *Cours de géométrie descriptive,* tome II, Librairie Hachette (1921).

[4] G. CAGNAC et H. COMMISSAIRE. *Cours de mathématiques spéciales V. Géométrie Descriptive,* 1er fascicule, Masson et Cie (1959).

[5] G. CAGNAC et J. COMMEAU, *Cours de mathématiques spéciales V. Géométrie Descriptive,* 2ème fascicule, Masson et Cie (1951).

[6] J. CARON, *Géométrie descriptive.* Tome I : Texte, Tome II : Planches, Félix Alcan (1883).

[7] J. HACHETTE, *Traité de géométrie descriptive,* Corby, Libraire Editeur (1828).

[8] REVUE DE MATHÉMATIQUES SPÉCIALES (à partir de 1893).

[9] J. KIÆS, *Traité élémentaire de géométrie descriptive.* Tome I : texte. Tome II : planches, Librairie L. Hachette et Cie (1867).

[10] T. OLIVIER, *Mémoires de géométrie descriptive, théorique et appliquée. CARILIAN-GŒUVRY et VICTOR DALMONT,* Librairie des Corps des Ponts et Chaussées et des Mines (1851).

[11] C. ROUBAUDI, *Traité de géométrie descriptive à l'usage des élèves des classes de Mathématiques spéciales et des candidats aux grandes écoles scientifiques,* 6e édition. Masson et Cie. (1940).

[12] J. SAKAROVITCH, *Épures d'architecture. De la coupe des pierres à la géométrie descriptive,* Birkhauser (1998).

[13] M. VOILQUIN, *Géométrie descriptive,* Collection Maurice Durande, tomes 1 et 2. Dunod, dernière édition.

Imprimé en France par
LIGHTNING SOURCE
www.lightningsource.fr

IMPRIM'VERT
Votre imprimeur agit pour l'environnement

Printed in Dunstable, United Kingdom

91223685R00132